누나야, 여보할래?

아내 효니가 쓰는 6살 어린 남편과 사는 이야기

| 제1편 만남에서 결혼까지 |

누나야, 여보할래?

초판 1쇄 인쇄_ 2010년 12월 25일
초판 1쇄 발행_ 2010년 12월 30일

지은이_ 김효니
펴낸이_ 김호석
펴낸곳_ 도서출판 대가

등록_ 제 311-47호
서울시 마포구 상수동 6-1 대한실업빌딩 301호
전화 02)305-0210 306-0210 | 팩스 02)305-0224
전자우편 dga1023@hanmail.net
홈페이지 www.bookdaega.com
Copyright ⓒ 김효니, 2010

ISBN_ 978-89-6285-056-7 17800

아내 효니가 쓰는 6살 어린 남편과 사는 이야기

《제1편》 만남에서 결혼까지

누나야, 여보할래?

글·그림 | 김효니

대마

머리말

이 책은 6살 연하 남편과의 만남이 담긴 저의 실제 이야기를 담은 카툰 에세이입니다. 《누나야, 여보할래?》라는 제목으로 처음 《오마이뉴스》에 연재를 시작한 것을 계기로 각종 포털사이트 뉴스 기사로 노출되었고 그러면서 네티즌의 관심도 받게 되었어요. 이어 《풀빵 닷컴》과 《조인스 블로그》에 연재되어 네티즌들의 더 많은 사랑을 받을 수 있었고, 이렇게 책으로 탄생하게 되었습니다. 매회 울고 웃으며 카툰을 그렸고 많은 네티즌들의 사연과 댓글 덕분에 더욱 풍성한 시간을 가질 수 있었습니다. 《누나야, 여보할래?》와 함께 호흡해 주신 독자님들께 책을 통해 감사 인사를 전합니다. 인터넷 연재와는 또 다른, 종이 책장을 넘기는 즐거움과 함께 인터넷 연재에서는 듣지 못했던 숨은 이야기들을 만나실 수 있을 거예요.

그 옛날 꼬마 신랑과 결혼하던 시절을 생각하면 연상연하가 문제 될 일은 없겠죠. 또한 요즘은 연상연하 커플을 주변에서 많이 볼 수 있고, 예전처럼 쉬쉬하지 않아도 될 만큼 인식이 좋아졌지만, 정작 연인이 되는 과정과 결혼 생활에 이르는 동안에는 참 많은 말을 듣게 되고, 때문에 이리저리 흔들릴 수밖에 없답니다. 연상연하 커플이 점점 증가하는 추세임에도 불구하고 여전히 자유로울 수 없는 현실이라 생각합니다. 눈에 보이지 않는 사회의 편견에 마음이 흔들릴 때도 있지만 많은 연상연하 커플들이 모든 것을 사랑으로 극복하고 있습니다. 저도 처음에는 남들한테서 싫은 소리를 듣고 싶지 않아 굳이 밝히지 않았던 저만의 이야기로만 간직하고 있었습니다. 그러나 연재를 시작하면서 저와 같은 고민을 하는 연상연하 커플이 많다는 사실을 알게 됐어요. 어떤 분은 "와! 정말 내 마음이랑 똑같아!"라며 탄성을 지르기도 했습니다.

제 막내 남동생보다 나이가 어린 연인을 만나며 친구에게도 털어놓지 못하고 끙끙 앓던 불안, 갈등, 고민, 어려움, 그럼에도 불구하고 나이 차이를 넘어서기까지의 감정들 그

리고 그동안의 많은 사건들이 저더러 이야기 하라고 채근하였습니다. 그래서 용기를 냈고 《누나야, 여보할래?》를 통해 많은 연상연하 커플이 어려움을 극복할 수 있는 용기가 생겼다는 댓글과 격려에 보람을 느꼈습니다. 청소년 교육에 악영향을 끼치니 당장 연재를 그만두라는 편지와 악플도 수없이 받았지만, 악플보다는 격려가 많았기에 용기를 내어 그려갈 수 있었습니다.

　　이제 《누나야, 여보할래?》를 책으로 엮으면서는 카툰을 중심으로 저의 '못다 한 이야기'와 네티즌 여러분들의 '댓글'과 '귀엣말' 그리고 '독자의 글'을 담았습니다. '댓글'은 《누나야, 여보할래?》를 연재하며 네티즌들이 실시간으로 참여하신 생생한 목소리입니다. '귀엣말'은 본 이야기 외에 느꼈던 소소한 생각들을 적어놓은, 말하자면 《누나야, 여보할래?》의 특별편입니다. 문을 열어 잠시 환기하는 것이라고나 할까요? '독자의 글'은 호주에 사시는 독자분의 호주 사회 속 연상연하에 관한 의견입니다. 우리가 깊이 생각해봐야 할 좋은 글이라 따로 담았습니다.

　　세상의 수많은 연인들이 저마다 다른 사랑을 하며 고민을 가슴에 안고 살아갑니다. 같은 경우는 단 한 사람도 없습니다. 세상에서 정한 나이는 나보다 어리지만, 마음의 나이는 누구보다 깊고 큰, 서로가 우주에서 만날 수 있는 단 하나의 내 운명 같은 사람이라면 마음먹은 대로 흔들림 없이 가시라고 말씀드리고 싶습니다. 행복해지는 순서는 나이를 차별하지 않습니다. 더 많은 고민과 고난이 있겠지만, 더 많이 행복해지기 위한 과정이라 생각하시고 용기 내시길 바랍니다!

　　책으로 엮어 주신 도서출판 대가의 김호석 대표님과 처음부터 끝까지 부족한 저를 이끌어 주신 강인춘 선생님께 감사드립니다.

작가 김효니 　K. Hyoni

차례

1장

첫 만남

2장

흔들리는 여자의 마음

3장

유니크한 남친, Z씨

4장

비밀 연애

5장

위기

6장

회복

7장

가족이 되다

첫 만남

01. 우리는 6살 차이

여느 커플들과는 약간, 아주 약간 다른 점이라면
아내인 내가 6살이 더 많다는 것이다.

결혼 사진 액자

TV 시청중

뭔가 힘든 점이 많을 줄 알았던 결혼 생활.
주위의 따가운 시선들.
그러나 그런 것들은 기우에 불과했다.

갈수록 닮아가고, 갈수록 애정이 깊어지는…
"꿈을 꿀 수 없다면 미래도 없다."는 말에
함께 의욕이 불타오르고,
두들 아저씨의 그림을
무진장 동경하는…

사랑하는 부부이자, 그림을 그리는 동료,
우리만의 아름다운 꿈을 만들어가는
우리는 서로의 동반자. ^_^

자, 이야기를 시작하자!

02. 인연의 시작

커피 잔을 잔 받침에 놓을 때
작은 달그락 소리가 난다

내겐 회사를 다닐 때 분신처럼 함께하는 물건이 있다.

커피를 정말 좋아하는 난, 맛있게 커피를 마시기 위해
자리에 예쁜 잔을 준비해놓는다.
잔 받침과 함께 마시는 것이
나만의 즐거운 휴식이었기 때문이다.

예쁜 잔에 커피를 마셔야
커피 맛이 산다

커피 잔를 놓을 때 들리는 작은 달그락 소리에 유난히 귀를 기울였던 그였다.
같은 팀에 근무하면서도 다른 자리에 있어
얼굴을 마주칠 기회가 없었기에
커피 잔과 잔 받침이 부딪치는 달그락 소리를
두 달간 듣기만 하던 그는
나에 대한 궁금증이
커져만 갔다고 한다.

얼굴 볼 기회가 전혀 없었음

그것이 우리 인연의 시작이었다.

인연은 생각지 못한 작은 것에서 시작되었습니다.

그때 만약 커피 잔이 아닌 다른 것이었다면….

03. 퇴근길

인연이란 참 묘한 것이다.
Z를 만나기 전 사실 나에겐
7년 동안 사귀던
남자가 있었다.

그 사람을 만나러 가는 퇴근길,
Z는 언제나처럼
가는 방향이 같다며 따라와
함께 퇴근을 하곤 했다.

"누나 누나" 하며
나를 잘 따르는
붙임성 좋은 귀여운
동생이 생겼구나
싶었다.

6살 아래의 남자는
이성으로 생각해본 적도 없고,
막내 동생도 그보다 두 살이 더 많은 터라
내가 Z와 결혼하게 될 줄은 정말
꿈에도 상상 못 했던 일이다.

그렇게 애인을 만나러 간다며
잘 가라는 인사를 할 때면 Z는
억장이 무너졌다고 한다.

정말 우리 앞날은 꿈도 꾸지 않았습니다.

04. 콩떡과 인삼 드링크

퇴근길.

Z는 30분 내지 길게는 세 시간,

먼저 회사를 나가 내가 좋아하는

맛있는 콩떡과 인삼 드링크를 들고

버스 정류장에서 기다렸다.

그의 집과 우리 집 방향이 정반대임에도 불구하고
Z는 3년 동안 하루도 빠짐없이 매일 집 앞까지 바래다 주었다.

한결같이 변함없는 그의 정성이
서서히 내게 감동으로 다가왔다.

'인간은 누구나 변한다. 사랑도 시간이 지나면 바랜다.'

사랑에 대한 철없던 제 생각이었죠.
이런 생각을 바꿔준 사람이 Z씨였고요.

어떻게 변하지 않을 수가 있지? 말이 되는 건가?
내가 대단히 괜찮은 사람도 아닌데? 저러다 분명히 변할 거야!
정말 혼자서 수없이 의문을 품었지요.

계속 그를 지켜봤어요. 시간이 흐를수록
그 한결같음이, 정성을 다함이 감동으로 다가오더라고요.

물론 저도 한 달, 두 달은 그럴 수는 있다고 생각하지만
그것이 1년 가고 2년이 지나 그를 만난 지 벌써
10년이란 세월이 훌쩍 지났는데도 여전히 정성을 다하는 그를 보면서
시간이 지날수록 점점 더 깊어지는 사랑이 있다는 것,
그리고 고마운 사랑이 있다는 것, 믿을 수 있게 되었습니다.

댓글

 용컨

순간의 느낌으로 확 불타오르는 것보다 꾸준히 오랫동안 지속되어,
호흡할 때마다 들숨과 날숨으로 느껴지는 사랑을 쌓으셨네요.

05.가슴 두근거리게 합니다

언제 올라오려나.

우리는 같은 회사에서 그림을 그렸다.
내가 선배, Z는 후배.

그것도 아주 갈 길이 먼 신입이었다.

경력

위쪽 공기 맑아요?

경력

그러던 어느 날,
우연히 그의 그림을 보게 되었다.
"아! 대단하잖아."
Z의 그림엔 노력한 흔적들이,
그리고 나보다 더 뛰어난 실력이
내 가슴에 확 불을 붙였다.

솔직히, 그에게 배울 점이 많다는 걸
느꼈다.

그의 자리

나도 질 수 없지!

실력에는 나이가 우선이 아니라는 것.
바짝 정신이 차려지면서
경쟁심이 불타올랐다.

어느 날, 내 앞에 우뚝 선 Z의 모습을 보며
나는 작아진 내 모습에 스스로 놀랐다.
실력도, 그리고…
내, 가, 슴, 도.

어느새 그는 그림 공부를 같이하자며
내 앞으로 바싹 다가왔다.

'어머! 내 마음 들킨 거 아니야?'

한참 어린 후배라고만 생각했습니다.

아, 근데 저보다 그림을 훨씬 더 잘 그리지 뭐예요.-_-;;

정말 열이 올랐지만

나 또한 뒤지지 않게 실력을 쌓자고 마음을 다졌죠.

그런데 어리게만 보이던 그가 조금씩 의젓해 보이기 시작하는 거예요.

그때 제 옆에 다가와 하는 그의 말.

"누나! 그림 공부도 같이하면 더 재미난 거 알아요?

나랑 함께 데생 공부해요!"

댓글

 안나푸르나

서로서로 도움을 주고받는 관계! 좋지요!

90년대 후반, 가지지 못한 자를 위한 혜택(?)으로
'시티폰'이라는 전화기가 출시되었다.

폼 나게 전화를 걸어보려 했지만
특정 지역에서만 걸 수밖에 없었던 시티폰.

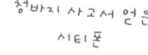

청바지 사고서 얻은
시티폰

그렇다고 매번 일할 때마다
전화를 걸기 위해 공중전화 부스 근처로
달려갈 수는 없는 일.

나는 주파수를 찾아 헤맸다.
그래서 찾은 단 한 곳!

창가가 왼쪽으로 있던 내 자리에서
머리를 책상에 밀착시키고,
고개를 왼쪽으로 돌려서 걸면
겨우 통화가 가능했다.

이런 모습을 이상하게 생각하던 Z는
걱정스런 표정으로 슬그머니 내 자리로 찾아왔다.

깜짝 놀라 고개를 든 날 보고 그는
두 눈이 동그랗게 되면서
멋쩍은 표정이 되었다.

혹시 누나,
어디 아프세요?

시티폰이 뭔지 모르시는 분들도 계실 것 같아서
먼저 설명을 드리자면요.

삐삐에서 핸드폰으로 바뀌는 시기였던 90년대 후반에
핸드폰이 너무 고가여서
시티폰이란 저가의 핸드폰 대용품이 나왔던 적이 있어요.

사은품으로 시티폰을 받게 되었지요.
역시 공짜인 데는 이유가 있더라고요.
공중전화 부스 몇 미터 반경을 떠나면 수신 지역에서 벗어나
전화 통화를 할 수가 없었어요.

전화를 걸 수 있는 위치를 찾아다니다 겨우 발견한 곳이
제 창가 자리, 저 자세였던 거죠.

통화하느라 그랬던 것을 몰랐던 Z씨.
한참 동안 제 걱정을 했다고 하더라고요. 어딘 아픈 것은 아닌지….
아무튼 알고 나서는 두고두고 황당했다고 합니다.

댓글

 안나푸르나

관심이 많으니까 일거수일투족 시선이 안 가는 데가 없었겠어요~

Z에게 받은
삐삐

07. 희귀한 모양의 삐삐

삐삐는 많은 사람이 애용하는 대중적인 기계였다.
예쁜 모양의 삐삐가 있으면, 왠지 특별해 보이던 시절.

네모난 삐삐를 들고 다니던 난, Z에게 무척 예쁘고도
희귀한 삐삐를 선물받게 되었다.

서울 시내 곳곳을 돌아다니며 사 왔다던 동그란 삐삐. 그 당시 대부분의 삐삐는 사각형 모양이었기 때문에 그 예쁜 삐삐를 보고 나는 뛸 듯이 기뻤다.

시계 같기도 하고, 스톱워치 같기도 한 삐삐가 아주 좋아서
쉴 새 없이 삐삐를 만지작거렸다.
그러다 그만… 건전지 덮개를 잃어버린 것이다.

동그란 삐삐는 너무 희귀해서 부품만 따로 구할 수는 없었다.
선물받은 지 하루만에 못 쓰게 되어 속상했지만,
그것보다 Z의 얼굴을 정면으로
볼 낯이 없었던 게 더욱 나를
당황하게 만들었다.

아~
미안, 미안해!

누나, 전
괜찮아요. T_T

'얼마나 나를
덜렁이로 보았을까.'

33

그 당시 삐삐는
지금의 핸드폰처럼
대중적인 인기가 있던 때였어요.

예쁜 모양이라고 해도 사각형 모서리가 둥근 것이 고작이었는데
제가 그에게 받은 동그란 삐삐는 아무도 갖지 않은 모양이었거든요.

그런 마음 있잖아요.
너무 좋으면 한시도 손에서 놓기 싫어서
계속 만져보며 확인하는 마음요.
그런 행동이 오히려 더 일을 만들었던 거죠.

지금 생각해봐도 아깝고, 힘들게 구해 온 삐삐를
단 하루만에 잃어버린 미안함…

08. 신문지로 감싼 선물

비싼 가격대의 청바지 X X가 인기를 얻기 시작할 무렵이다.
언제 샀는지… 폼 나게 입은 그의 청바지가 그날따라 유난히 예뻐 보였다.

그래요?

와아… 청바지 무지 예쁘다!

다음 날 아침.
출근한 나는 내 자리에 놓인
신문지에 돌돌 말려 있는 무언가를 발견했다.

깜짝 놀라 풀어보니 Z와 똑같은 청바지.
그의 비밀 선물이었다.

누나!
기가 막히게
잘 어울려요.

정말?

신문지에 넣은 건
회사 사람들이
눈치채지 못하도록
선물하기 위한
그만의 작전!

그 후, 우린 같은 청바지의
커플 룩을 입게 되고 말았다.

설마~
둘이 나이 차이가
얼만데!

수상해.

그러게!

'훗후후… 물론 동료들의 호기심에 찬
눈초리를 의식했지만
그거야 어때?
역시 비밀이 있다는 것은
스릴이 있어…'

신문지에 말아 청바지를 선물한다는 생각을 어떻게 했는지….
그 덕분에 두고두고 가장 기억나는 선물이 됐어요.

09. 나를 놀라게 한 올백 머리

하루 중 여덟 시간 이상을
같이 볼 수 있는 우리.
그러나 퇴근 시간이 되면
서로가 너무 멀리 떨어져 있어야 한다.
Z의 집과 내 집은 정반대 방향.
적어도 두 시간 반이 걸리는 까마득한 거리다.

왕복 다섯 시간
거리

오늘 아침 출근길.
지하철 환승역에서
누군가 아는 체를 하며 반갑게 달려온다.
"누구더라?"
"난데요, 누나!"
어머? 올백 머리 Z였다.
나에게 잘 보이려고 정성스럽게 매만졌다나?

무스를 발라
빛나는 올백 머리

아~ 어떻게 해?
그의 머리를 본 나는 절규할 수밖에 없었다.

누구냐 넌!

그 후로 Z는
다시는 올백 머리를
하지 않았다.

누나! 내 머리 멋있죠?

유난히 우람한 그의
어깨 뽕

Z는 내게 어른스러워 보이고 싶어 신경을 썼던 건데
제가 그 마음을 너무 몰라줬던 것 같아요.

10. 망가진 비디오테이프

그날따라 이상하게 일이 풀리지 않았다.

덜컥

직장 상사에게 빌려 온 비디오테이프를 돌리는 순간,
바로 '씹히는' 사고가 일어난 것이다.

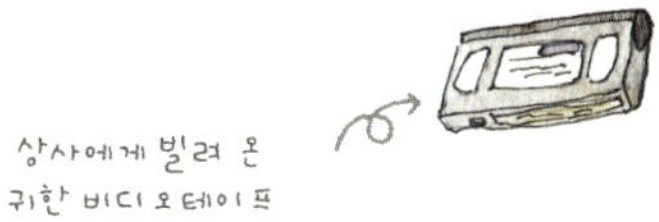

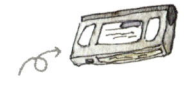

상사에게 빌려 온
귀한 비디오테이프

아무한테도 안 빌려 주는 소중한 보물이라며,
잘 보고 가져오라는 상사의 신신당부를 받고 빌려 온 비디오테이프인데….

큰일 났네. 아~
어쩌면 좋아!T_T

그렇다!
불현듯 Z가 생각났다.
수호천사!

전화를 걸자마자 곤경에 빠진 날 구하러
우리 집까지 한달음에 온 그.

잠시 후 Z는 고장 난 비디오테이프를
감쪽같이 고쳐놓았다.

'아아~ 어쩜 좋아!
Z 너어~무 듬직해 보여.'
그가 멋있어 보이기 시작했다.

아빠와 남동생에게 고쳐달라고 말해도
AS를 받으라는 말뿐이었죠.

AS 기사를 부른다 해도 씹힌 테이프를 어찌할지 깜깜했는데
한 번에 달려와준 Z가 정말 고마우면서 든든하고 멋져 보였죠.

전자 제품을 잘 만지는 사람이구나 했는데
나중에 얘기를 듣고 보니
Z도 비디오테이프는 그때 처음 뜯어본 것이었다지 뭐예요.

자기도 그 당시 어떻게 고쳤는지 잘 모르겠다며
사랑의 힘으로 고친 게 분명하다고 하더라고요.

댓글

 다크써클

그 기분 알 것 같아요. 맥가이버 같은 모습에 듬직함이 보이고…

호힛♡♡

저런 분 도대체 어디서 만나나요! ㅠㅠ

2장

흔들리는 여자의 마음

11. 절대 있을 수 없는 일

그렇지 않아도 늘 조마조마하던 그 친구에게서 드디어 전화가 왔다.
덜컹! 내 마음이 갑자기 두근거리기 시작했다.

7년이라는 만남 동안
헤어진 것도 몇 번,
다시 만난 것도 몇 차례.
연인이라기보다
친구 같아져버린 사람이다.

미안한 마음이 커져갔지만,
이미 시작돼버린 이 두근거림은
도무지 멈출 것 같지가 않았다.

그럼 Z는 나에게 무엇인가?
6살 연하의 남자… 그냥 회사 후배.
남동생일 뿐이야.
연인으로 묶이기에는
불.가.능.한 일이야. 암~!

말.도.안.돼!

기운 없어 보이는 날 위해
자리에 살며시 놔두고 간
인삼 드링크

그렇게 나는 자꾸만 Z에게로 기울어지는 내 마음을
애써 부정하고 있었다.

오랜 시간 사귀어왔던 사람에게 미안한 마음이 들었지만,
자꾸 Z에게로 향하는 마음이….
아, 말도 안 돼!

12. 헤어질 것이 뻔한 결론

Z에게
호감이 느껴지면서
내 머릿속은
혼란스러워지기 시작했다.
나이 어린 Z와
사귄다는 것은 결국
헤어질 것이 뻔한 결론이다.
순간의 장난에 불과한 것.

'나 이제 20대 후반이야!
해피엔드로 점을 찍어야 해.
그런데 이루어질 수 없는
사랑을 택한다?
나, 지금 제정신 맞아?'

'제정신 맞으면 다시 한 번 생각하자!
우리가 사귀다 헤어질 수도 있잖아.
그때 Z는 나보다 열 살 어린 여자와도 만날 수 있어.
그럴 때 난 뭐야? 나이만 잔뜩 먹은
노처녀로 남게 되잖아?

누나~
밥 먹으러 가요.

'아~ 안 돼! 안 돼! 말도 안 돼!
골백번 생각해도 나만 억울한 거야.
나보다 어린 남자라니…
제발 정신 좀 차리라고!'

내 마음을 혼란스럽게 만드는 Z가 밉다, 미워!

뭐라고?

아니… 저기…
점심….

찌릿!

20대 후반, 가장 예민해질 시기에
전 갈등의 기로에 서게 되었습니다.

Z에게로 향해가는
내 속마음을 전혀 모르는
나의 오랜 그이는 나보다 한 살이 많다.

적당히 바르고,
적당히 성격 좋고,
적당히 튀지 않는 사람.

언제나 유지되는
적당한 거리

13. 적당한 정도의 연인

그를 만나는 동안, 그와 나는
적당한 정도의 연인 사이란 생각이 들었다.

그의 무게감이 느껴지지 않음

있어도 그만,
없으면 약간 서운한 정도.

조심해서
잘 들어가.

갈게.

존재감이 느껴지지 않던
이 연인 관계가 지속되는 이유는
적당한 안정감이 서로에게
필요했기 때문이다.

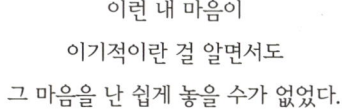

Z는 밤늦게
혼자 집에 가는 내가
걱정된다며 집 앞까지
데려다 주던데….

이런 내 마음이
이기적이란 걸 알면서도
그 마음을 난 쉽게 놓을 수가 없었다.

그와 7년이라는 시간을 만나오면서
연인이라기보단 친구 같았어요.
서로의 무게가 점점 가벼워지는 느낌.
그도 제가 그랬던 것이 아닌가 싶었죠.

서로가 서로에게 사랑이 있긴 있었나 싶을 정도로 마음이 무덤덤했거든요.

남녀 간의 사랑이란 다 이렇게
시간에 묻혀 우정처럼 되는 줄 알았어요.

사랑에 대한 기대감이 없던 20대 후반.
안정을 찾고 싶던 나이라 생각했는데
이런 마음의 갈등을 겪게 된 자체가 혼란이었죠.

댓글

✔ 초코중독

7년간의 시간만큼 서로 익숙해져버린 거죠. 쉽게 정리는 못 하겠는데
2 분의 자리가 점점 커지고 ...

14. 불분명한 양다리

마음이 자꾸 끌리지만
현실적으로 결혼이 절대 불가능한 연하의 Z,

7년이란 세월 동안 쌓인 정과 안정감이 있어
결혼이 가능한 그.

연하와 새로운 사랑을 시작하자니 도저히 용기가 생기질 않았고,
그와 헤어지자니 영영 노처녀가 돼버릴지도 모른다는 불안감이 나를 엄습해왔다.

눈치 빠른 Z는
나의 일거수일투족에 계속 신경을 쓰고 있었다.

왜?
무슨 일 있어?

누나…
그러니까…
몸이 좀 뻐근해서
운동을 하느라….

요즘 부쩍 내 주위에서 맴도는 시간이 많다.
'아~ 내가 어쩌다 이런 여자가 되었을까?
난 나쁜 여자! 내가 싫어!'
양심의 가책은 나를 계속 억누르고 있었다.

옳고 그름을 판단할 수 있다면
그것은 이미 사랑이 아니라 생각합니다.

15. 7년이란 세월 동안

7년이란 세월 동안
그와 내게 남은 것은
무엇이었을까?

그 많은 세월 동안
서로 마음속 깊은 곳까지
다 보아온 우리 두 사람.
'미운 정, 고운 정'이란 말은
우리들 때문에 만들어지지 않았을까?

타오르는 사랑의 불길에
눈이 어두웠던 나는
그에게 안겨 결혼을 졸랐다.

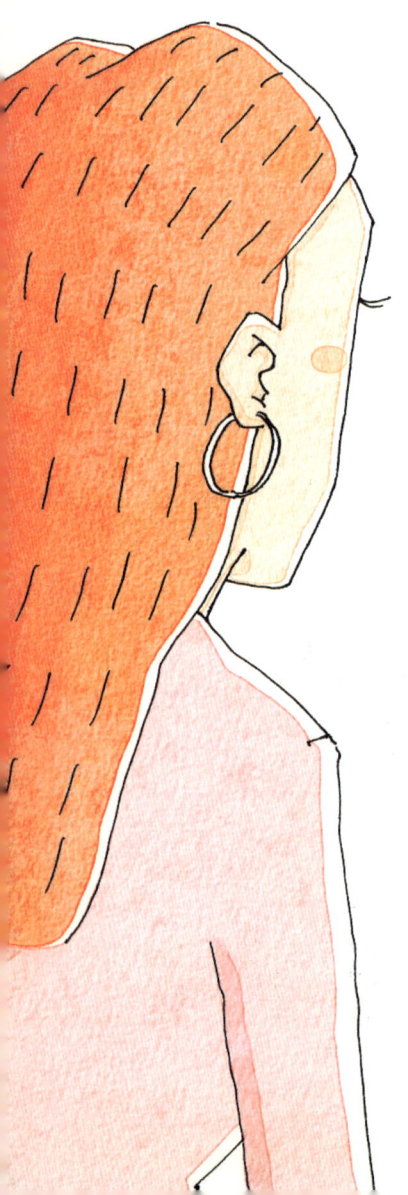

하지만 그는
아직은 시기가 아니라는
의외의 대답으로
날 조용히 밀어냈다.

남자와 여자의 결혼에는 타이밍이 있게 마련이다.
우리는 결국 타이밍을 놓쳐버렸다.

놓쳐버린 결혼 타이밍

그렇게 활활 타오르던 불씨는
어느새 하나 둘 꺼지기 시작했고
우리는 그저 그 불길을 바보처럼 서로
바라보고만 있었다.

세상에 영원한 사랑이 있을까요?
믿을 수 없었습니다.

16. 눈치채지 못한 사연

그냥 친.한.회사 동생.

그럼~ 친한 동생.

그래?

그는 내가 연하의
Z에게 마음을 두고 있다는 것을
전혀 눈치채지 못했다.

그 이유는
첫째, 직장에서 친한 사람 중 한 명으로만 얘기했다.
'미리 연막작전을 펼친 것일지도…'

많이 바빠?

둘째, 각자 할 일 다 하고
남는 시간에 만나기 때문에
의심할 여지가 없었다.

응….

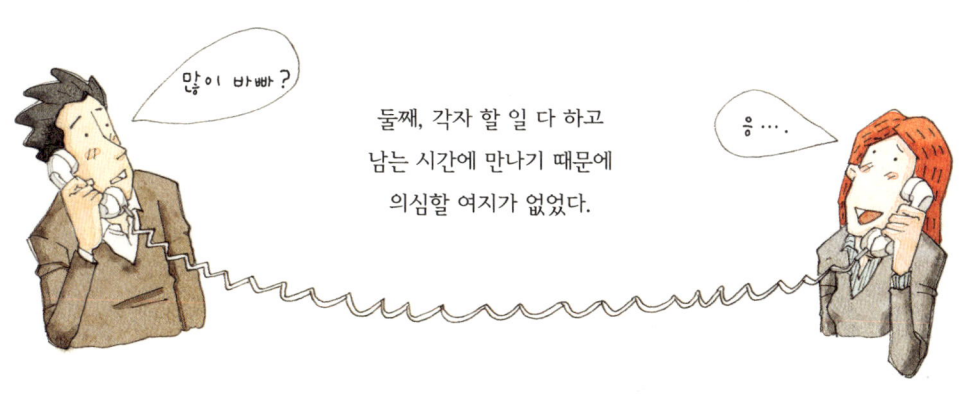

셋째, 7년의 오랜 만남이면 당연히 결혼으로 이어진다는 생각을 했기 때문이다.

아… 정말
마음 다 주고 나면 꼭
저러더라….

연하의 Z를 만나기 전에는 나도 이렇게
그와 만나다 결혼을 하겠거니 생각했다.

당연한 결혼?_?

솔직히 남자들,
사귄 지 6개월이 지나고 나면
다 똑같아졌다.

6개월짜리 열정

죽자 살자 좋다고
따라다니다가도
여자 마음이 남자에게
넘어온다 싶으면
자기 할 일 먼저 하기
바빴으니까….

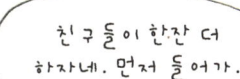

친구들이 한잔 더
하자네. 먼저 들어가.

상처를 입는 것은 언제나
여자 쪽이라는 생각이 들었다.

사랑에 대한 환상은 없어져버린 지 이미 오래였다.

나이가 너무 어려 연애 상대가 아니란 생각이
경계심을 허물었어요.
가장 무서운 일은 무의식 속에 이미 들어와 있는 것이었습니다.

17. 여자의 마음

가만... 이 사람이
이렇게 재미가
없었나?

정말 이상한 일이다.

Z는 이야기를
무척 재미있게
하던데....

그와 데이트를 하는 내내
나도 모르게 자꾸 그와 Z를 비교하고 있다.

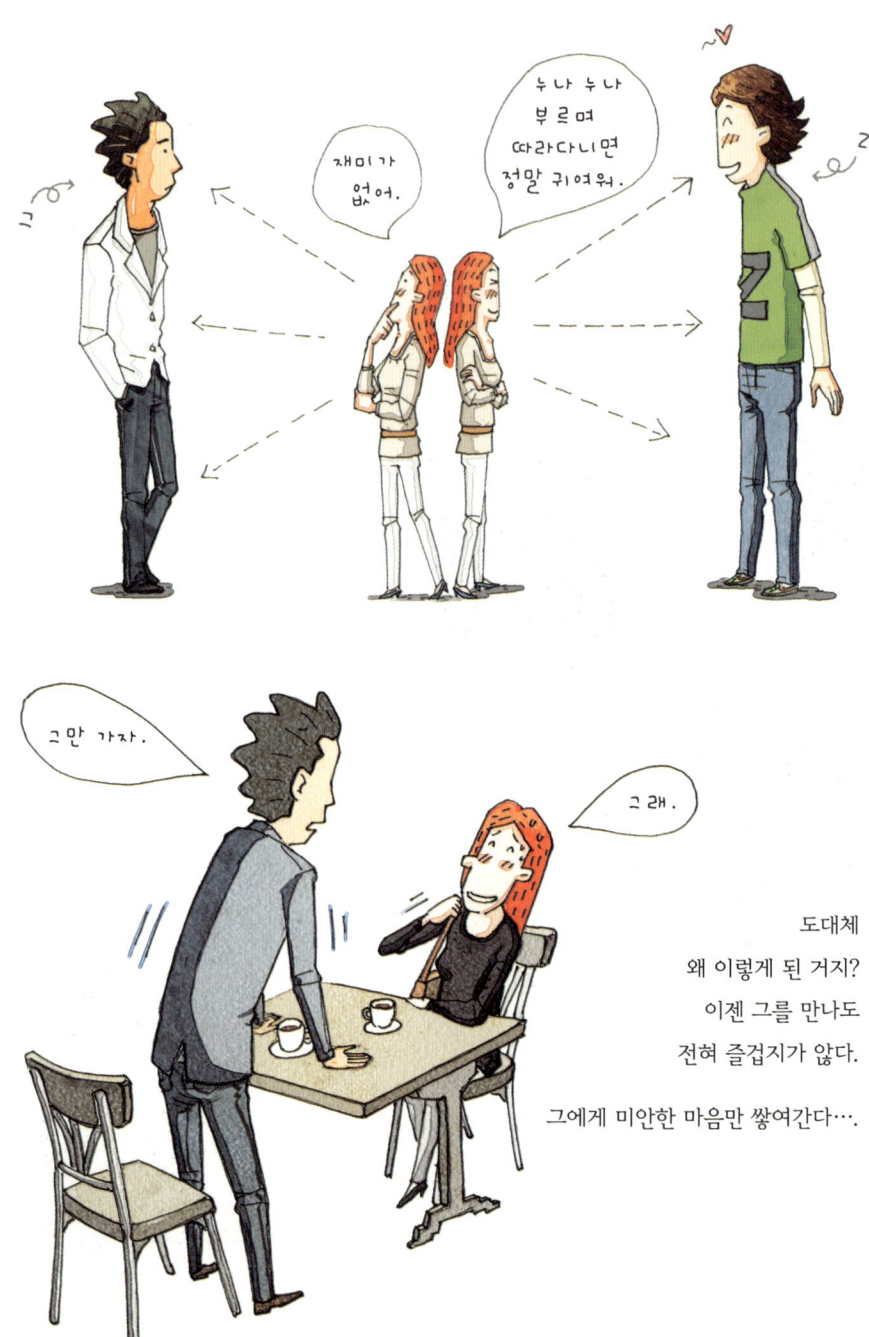

도대체
왜 이렇게 된 거지?
이젠 그를 만나도
전혀 즐겁지가 않다.

그에게 미안한 마음만 쌓여간다….

여자 마음은 '갈대'와 같다고 하더니
내가 '갈대'를 닮아간다는 이야기잖아.

우리가 이렇게 된 '원인'은 어디로 도망가버리고
'갈대'라는 결과만 나에게 떨어졌잖아.
그 말을 받아들이기엔 너무 억울해!

여자의 마음만 갈대겠어요?
남자의 마음도 마찬가지겠지요.

그러나 이미 멀어진 마음은
어찌할 도리가 없는 것이죠.

의식하지 못하는 사이에
마음이 제 생각대로 움직이지 않게 되었어요.

댓글

🏮 옥낭자

그 사람과 인연이 아니기 때문에 7년이란 시간도 무색해지고,
저마다의 인연은 다 따로 있나 봐요~

🔵 눈물수진

안 그러려고 해도 더 좋은 사람이 나타나면 자꾸 비교를 하게 되더라고요.
그러면서 흔들리는…

그날 밤 회사 회식이 있었다.

전혀 술을 마시지 못하는 Z가
그날따라 유난히
술을 많이 마셨다.

18. Z의 향기

회사 직원들과 헤어진 후

자연스럽게 둘이 남게 되었다.

괜찮겠어?

그럼요, 누나.
걱정 없어요!

취한 Z가
밤늦게 혼자 들어가면 위험하다며
바래다 주겠다고 우겼다.

그래서 함께 타고 가게 된 버스 안.

Z는 술을 못 이겨 금세 잠이 들고 말았다.
그때 Z에게서 나던 좋은 향기….
나도 모르게 Z의 어깨를 감싸 쥐고 말았다.
'아… 이 남자. 왜 이렇게 사랑스럽지….'

내 마음은 어느새 달리는 버스와 함께 Z에게 쏠리고 있었다.
이 밤, 행복의 노래를 불러야 해!
딱 좋게 오른 취기는 나를 들뜨게 했다.

그날 밤 알코올 때문이었는지, 볼도 빨갛게 변했습니다.

19. 그와의 이별

두 사람 사이에 끼어 있던 나는
스스로의 결단이 필요했다.
이렇게 미지근한 상태가 계속된다는 것.
내 성격상 견딜 수 없었다.

한동안 잔잔했던 그와 나의 호수에
나는 커다란 돌을 던졌다.
'풍덩'.
호수는 출렁이며
물결이 점점 크게 너울쳐왔다.
'어디에서 이런 용기가 났을까?'

여느 때와는 좀 다른 나의 표정에 그는 당황했다.
그러나 그는 곧이어 비아냥으로 날 훈계했다.

그는 이미 자기로부터 떠나고 있는 나를 눈치채고 있었다.
그것이 돌아올 수 없는 다리라는 것도….
그러나 겉으로는 태연한 척했다.

나는 단호했다.
지금 이 자리에서 다시 주저앉아버리면
영원히 일어날 수 없는 상황으로 되돌아가는 것이다.
되돌아갈 것인가?
아니야! 아니야!

날 나쁜 여자라고 욕해도 좋아. 제발 욕해줘, 그리고 잊어줘!
너와 함께한 시간을 이제와서 되돌리기엔 이미 난 너무 많이 왔단 말이야.
너의 미지근한 성격 때문에….

그에 대한 낯 뜨거운 양심으로 내 가슴 한구석이 찢어지는 것 같았다.
'7년이란 긴 세월을 이렇게 구겨서
쓰레기통에 버려야 하다니….'

헤어짐은 아픔이었다.
누구의 탓이라고
굳이 말하고 싶지 않다.
내 탓으로 돌리고
내가 아파하면 된다 싶었다.
오직 그에게 미안할 뿐이었다.

그의 가슴에 못을 박더라도
시간만 끌다가 그 못이 썩고 나면 더 괴로워질 거란 생각이 들었어요.

3장

유니크한 남친, Z씨

20. 다채로운 헤어스타일

Z는 나이가 어리기도 했지만
늘 새롭게 변하는 헤어스타일로
나를 놀라게 했다.

관리하기 편하고 깔끔한 이유로 긴 생머리만을
고집하던 나와는 정반대인 성격이랄까.

어느 날은 초록색 파마로, 어느 날은 웨이브 긴 머리…
액세서리 바꾸듯 쉽게 머리 모양을 바꾸는 그의 과감함에
도무지 적응이 되질 않았다.

또 어느 날은
기분이 우울하다며
머리 모양을 완전히 바꾸고 와서는
위로해달라고 얘기한다.

만나기로 약속되어 있는 오늘. 역시나… 불꽃 머리를
바람에 휘날리고 양손을 흔들며 반갑게 내게로 달려온다.

누나 오늘은
기분이 울적해요.

헉!

저 사람 머리에
불붙었나 봐

누나~!

어디 어디?

아이~ 창피해.
진짜~.

분위기따라
수시로 머리 모양을
바꾸는 Z.

나를 향한 그의 마음도
기분따라 쉽게 변할지도 몰라.
'정말 그러면 어쩌지?'
마음 한구석에선 '사랑'과 '불안'이
서로 치열하게 싸우고 있었다.

사랑은 마냥 핑크빛이 아니라는 걸 잘 알면서도
알 수 없는 미래에 저를 맡기는 불안감,
그리고 Z의 마음이 변할지도 모른다는 불안함은
그림자처럼 절 따라다녔어요.

Z는 술을 마시지 못했다.
알코올을 몸이 거부하는 체질.

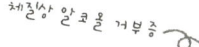

체질상 알코올 거부증

누나~
건배!

21. 사랑의 힘

그럼에도, 신기하게
술을 좋아하는 나와 함께라면
못 마시는 술도 잘 마시던 Z.

그래서 난
Z가 술을 마시는 체질로
변한 줄 알았다.

그럼요~ 누나!
2차 가요~.

괜찮은 거야?

"난 그래도 네가 술을 좀 마실 줄 아나 보다 했어.
어떻게 술을 마실 수 있는 거야?
체질이 변했나 보지?"
그에게 물었다.

? !!

당연히
사랑의 힘이죠~
누나!

나의 질문에 Z는 머뭇거리지도 않고 대뜸,
'누나를 사랑하는 힘'으로 마시는 거라며
천연덕스럽게 대답한다.

누나~
사랑해요!

뭔가 달라….

그는…

지금까지 내가 만났던 남자들과는
무언가 달랐다.

어느 정도로 술을 못 마시냐면요.
직장 선배가 권하는 술을 거절하지 못하고 다 마신 뒤에
새벽에 병원으로 실려 간 일이 있었어요.

그동안 술 못 먹는 사람은 괜한 엄살을 부리는 줄 알았는데요.
체질상 술 못 먹는 사람, 먹으면 큰일이 나는 사람이 있다는 걸 알게 됐습니다.

이젠 저도 Z의 체질을 닮아갑니다.

 열매

역시 사랑은 모든걸 가능하게 하는 마법인가 봐요.
술 한잔도 못 먹는 체질인데 술을 먹는다는 건...

지금은 너무 흔하고 당연한 일이지만
당시의 우리에겐 상당한 결단이었다.
우리가 드디어 벼르고 벼르던

'커플 핸드폰'을
구입한 것이다.

뭐해?

누나 생각하며
걸어요~.

가격은 만만치 않았다.
하지만 둘이서 언제든 시간 제한 없이 통화할 수 있다는 기쁨이 더 컸다.

22. 물에 빠진 핸드폰

그러던 어느 날, 사건이 벌어졌다.
퇴근 후 회사 동료들과
호프집에서 맥주 파티가 있었다.

나, 잠깐
화장실~

한참 즐겁게 이야기를 나누다
잠시 화장실에 갔는데,

아~! 이걸 어째? 실수였다.
일을 보고 옷을 추스르려는 순간
핸드폰을 변기에 빠뜨리고 말았으니….
그날따라 멜빵바지를 입은 것이 잘못이었다.

그냥 주세요.

AS 센터를 찾았지만 수리비가
핸드폰 가격보다 더 비쌌다.

속상하고, 답답하고,
창피했지만 Z에게
말할 수밖에 없었다.

무엇을 도와드릴까요

누나~
줘보세요.

다음 날 Z는 반짝반짝 고쳐놓은 핸드폰을 나에게 전했다.
그는 못 하는 것이 없는 수호천사였다.

고쳤어요,
누나!

정말
고마워!

'오~ 나의 왕자님~!'

저의 수난이 곧 Z의 수난이었죠.

산 지 얼마 되지도 않은 핸드폰이 물을 먹고 나니 작동이 되지 않더라고요.
핸드폰 살 때 보증금이란 게 있어서 할부금은 다 내야 하고,
고치자니 수리비를 50만 원 달라고 하더라고요.
핸드폰을 40만 원가량 주고 샀는데 (그때 당시도 꽤 비쌌거든요)
수리비를 더 준다는 건 말이 안 된다 생각했죠.

망가진 핸드폰의 할부금 낼 생각을 하니 정말 아찔했어요.
기껏 마음먹고 산 건데 말이죠. T_T
그렇게 물에 젖어 죽어버린 제 핸드폰을 Z가 가져가더니, 멀쩡하게 살려 왔지 뭐예요.

정말 놀라웠어요. 이런 사람이 다 있나 싶었구요.
얼마 전에도 고장 난 비디오테이프를 고쳐주었지만
이번엔 다르잖아요.

어떻게 고쳤는지 정말 궁금해서 물었죠.
핸드폰을 그대로 뜯어서 햇볕에 잘~ 말렸다가 다시 조립했더니
살아났다고 하더라고요. :)

 댓글

🌙 soo

휴대폰까지 살리는 사랑의 힘! 진짜 대단합니다~

23. 수많은 사람 중에

사무실에서 하루 종일
그를 볼 수 있었고,
퇴근 후 몰래 데이트를
할 때에도 우리는
서로 손을 꼭
잡을 수 있었다.
헤어지고 각자의 집에서도
우리의 연결은 끊어지지 않았다.

밤새도록…

알았어요!

여태 안 자고 뭐해?

밤늦은 시간에 무슨 전화냐고
부모님께 야단을 맞고,

Z는 부모님 몰래
이불을 뒤집어쓴 채
밤새 통화를 했다.

이 세상에는 수많은 사람들이 살고 있지만,

Z와 나,
오직 둘만 존재하는 그런 느낌.

다른 사람들은 알까, 모를까?

수많은
사람 속에서도 제 눈엔
누나만 빛나요.

우리에겐 오직 서로만이 존재했어요.

아무리 많은 사람들 속에 있어도
내 사람만 반짝반짝 빛이 났으니까요.

사랑을 알 만큼 알고,
더 이상의 사랑도 없을 거란 늦은 나이에 마주한 사랑은
모든 걸 처음부터 새로 시작하는 느낌을 주었어요.

 댓글

 Robin

사랑하고 있는 지금은 이 세상에 오직 그 사람만 보이죠. 세상 그 누구보다도
빛나고 아름다운 사람.^-^

24. 생일 선물

Z의 생일이
며칠 후로 다가왔다.

난 특별한 선물을 하고 싶었다.

그의 독특한 헤어스타일과
잘 어울릴 만한 멋진 재킷!
어떨까?

입어서 맞아야 했기에
Z를 불러 함께
시내 쇼핑몰로 향했다.

후훗…

참 괜찮은 재킷을 발견했다.
Z의 눈길도 단번에 그 옷에 쏠리고 있는 것 같았다.
'어쩜… 옷 고르는
취향도 같네~'

누나! 어때?
괜찮아?

와! 너무 잘 어울려!
아저씨, 이 옷으로
싸주세요.

고마워, 누나!
내 생애 최고의
선물이야!

나는 기분 좋게 그 재킷을
Z에게 선물했다.

옷을 선물하고도
받는 사람 이상으로
기뻐하는 나.

점점 그의 늪 속으로 빠져 들어가고 있는
나 자신에게 스스로 놀랐다.

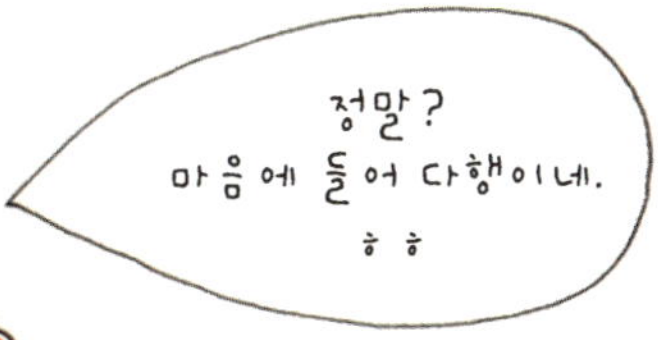

정말?
마음에 들어 다행이네.
ㅎㅎ

어머! 그를
사랑하고 있나 봐?

가진 것을 다 주어도 더 주고 싶어지는 마음.
그것이 바로 사랑인가 봅니다.

25. 나이 차이 따윈 중요하지 않아요!

Z와 함께 다니면 우릴 '연인' 사이로 보는 사람은 거의 없었다.
유난히 나이보다 더 어려 보이는 Z.

남매 같아 보인다는 말에 유독 신경이 쓰이던 나.
세상은 아직 연상연하 커플을 보는 시선이 곱지 않은 걸까….

누나....

그렇게 보일 수도 있는 건데 왜 이리 소심해지는 거지.

남모르게 내 속은 끓고 있었다.
이런 내 마음을 Z가 놓칠 리 없다.
나지막이 날 불렀다.

"누나, 난 소원이 하나 있는데~
내가 빨리 늙어서
누나보다 나이가 많아 보였음 좋겠어.
그래서 누나가 사람들 시선 따위
신경 쓰지 않게 해주고 싶어!"

Z의 말은 자꾸 작아져만 가는
내 소심증에 커다란 풍선을 만들어주었다.

응. 다시는 그런 생각 안 할게.

Z는 나이보다 더 어려 보이는 동안이에요.

Z를 만나면서 전 늘 가슴 한구석이 무거웠어요.
'내가 누나 같아 보이겠지? 그럴 거야.
아… 그래도 우린 연인 사인데…' ㅡㅡ;;
연인 사이가 남매로 보인다는 거,
게다가 제가 한참 누나로 보인다는 것은 기분이 좋지 않더라고요.

그런 생각들이 거듭되면서
제 모습이 자꾸만 작아지고 있을 때였죠.

그때 Z가 제게 말했어요. 자기가 소원이 하나 있는데
빨리 늙어서 저보다 더 늙어 보이는 사람이 되는 거라고요.
그래서 제가 나이 차이 따윈 신경 쓰지 않게 해주겠다고.

얼마 전 함께 엘리베이터에 타고 맞은편 거울을 보던 Z씨.
"내 소원이 드디어 이루어졌네. 이젠 내가 더 나이 들어 보인다."
그 얘길 듣는데 갑자기 가슴이 아파왔어요.

이 사람만은 나이 들지 않고
처음 만난 그 모습 그대로 살아갔음 좋겠단 생각이 들었어요.

함께 건강하고, 언제나 젊게, 평생 웃고, 위로하며, 행복하게 그렇게.

26. 그만의 인테리어

회사

원거리 출퇴근 길

부모님과 함께 살던 집

근거리 출퇴근 길

2424

자취하게 된 집

집이 직장과 멀어
장거리 출퇴근을 하던 Z.
그는 마음을 먹고 독립을 선언했다.

누나~ 저기
가운데 집이야.

자취를 하게 된 Z의 초대로
그의 집을 방문했다.

?

의미를 전혀 알 수 없는
핸드폰

집에 들어서려는데
입구 벽에 초인종 대신
망가진 핸드폰이 붙어 있다.
'왜 저기 붙어 있지?' 의아했다.

그뿐 아니라
방에 들어서니
침대 위에 스탠드가
붙어 있는 것이다.

누나!
아~무 의미 없어.
재밌잖아~.

도무지 이해가 안 돼서
Z에게 물었다.

Z는 그저 자기의 취미 생활이라고
누나도 해보라고 권한다. -_-;;

며칠 뒤 그의 집을 다시 방문했다.

벽에 붙어 있던 핸드폰이 어느새 사라지고 대신 요요가
붙어 있다.

'아… 황당해.' -_-;;
Z의 별난 취향은 나를 계속
당황하게 만들었다.

누나!
요요 어때?

헤어스타일도 수시로 변한다 했는데
아니나 다를까 집 인테리어가 상상을 초월한 Z였어요.

자세히 살펴보니
자동차 모양의 비디오테이프 리와인더기도 벽에 붙어 있더라고요.

도무지 Z의 취향에 적응이 안 되었죠.
이 사람은 주로 무언가 붙이는 걸 좋아하는구나 생각했어요.
알고 보니 이유는,
중소기업 박람회에서 물건 붙이는 본드 총을 구입했기 때문이더라고요.
그걸로 신나게 뭐든 붙였다나요.
그때 제 마음도 Z에게 단단히 붙은 걸까요? ㅎㅎ

댓글
 젠장찌게

정말 성격은 살아가면서 닮는 것 같습니다.

27. 유난히 청결한 이유

그날따라 Z는 유달리 나를 졸랐다.
보여줄 게 있으니
꼭 자취방에 와보라는 것이다.
'또 뭘까?'

누나!
어서 와~.

Z는 평소와는 다르게
특이한 행동을 했다.
내가 손을 씻고
딱 한 번 쓴 수건이었는데
바로 세탁기에 집어넣는 것이었다.

'어머?
수건에 손만 한 번
댄 것뿐인데
세탁기에 넣어버리네….

무슨 남자가 저리 깔끔을 떨까? 의외잖아.
청결이 지나쳐 결벽증이 있는 건 아닐까?
혹시 내가 전염병 환자로 보이나? 기분, 별로네… . 쩝!'

그러나 이유를 알고 보니
세탁기를 구입했기 때문.
그것이 Z를 청결하게 만든 원인이었다.

이불 빨래도
가능합니다!

자취하는 데
세탁기가 너무
큰 거 아니야?
ㅎㅎ

집들이 선물로 받은
세제 때문에 세탁기를
샀다고 한다.

새로 산 세탁기를 무척 자랑스러워하던 Z.

두두두...

그 세탁기를 나에게
보여주고 싶어 안달이 났던
Z의 천진스러운 마음이 참 예뻤다.
그는 내가 있는 동안
계속해서 세탁기를 신나게 돌리고 있었다.

뭘 사양 말고 쓰라는지….
절 부른 그날 Z의 행동은 평소와 달랐어요.

꼭 새 장난감이 생긴 어린아이 같았죠.
그걸 제게 제일 먼저 자랑하고 싶었나 봐요.

그런데 세탁기를 사게 된 이유가 더 기막혔죠.
세탁기용 세제를 집들이 선물로 받았기 때문이라나요.

 니키

저는 석달째 연하남을 만나야 하는지 마는지 너무 고민 중인데,
너무 부러워요~ 저 연하를 사랑해도 될까요?

28. Z의 여자 친구들

직장 내에선 Z와 나와의 관계를
아무도 눈치채지 못했다.
우리는 다만 친한 선후배 사이로 위장되어 있었다.
그것을 증명이라도 하듯
Z는 가끔 여자 친구들을 내 자리로 데리고 와 소개했다.
'뭐야~! 전부 예쁜 여자애들뿐이잖아. ㅡㅡ;'

센스 있는 옷차림, 친절한 매너,
재치 있는 말솜씨 등.
Z는 여자애들에게 인기가 있었다.

철!벽!옹!호!

솔직히 말하자면 나는 불안했다.
그 여자애들 앞에서 폼 잡고
'Z는 내 남자야!'라고 말하고 싶었지만
그럴 수 없는 상황에 늘 불안하기만 했다.

'아아~ 안 돼!
이러고 있다간 당할지도 몰라.'

나의 이런 불안감을
아는지 모르는지
Z는 천연덕스러웠다.

누나!
그냥 친구야.

'난, 누나 말고
왜 다른 여자애들은
여자로 보이질 않는 거지?'

칫!
믿을 수 없어.

누나아~
같이 가!

정말! 저 남자
믿어도 되는 걸까…?

저희 결혼식 날 신랑을 도와준 친구도
여자 친구였어요.
지금이야 내 사람이니 속 편하게 웃지만,
여자 친구가 워낙 많더라고요.
사실 기분 별로잖아요. 저보다 어리고 예쁜 그녀들인데
Z가 바람둥이인 건 아닐까 의심도 했었죠.

일편단심으로 저한테 잘했던 그라 의심이 오래가진 않았지만,
사실 친구였다가 애인이 되는 경우는 흔하잖아요.
저희도 누나 동생이었다가 애인이 됐으니
내 남잔 내가 지켜야지 싶었거든요.

댓글

 개뿔인생

저도 일곱 살 연하의 남자 친구가 있는데 그냥 친구라며 여자 친구를 만나요.
이해는 하는데 불안함은 어떻게 안 되네요.

4장

비밀 연애

29. 독신 선언

오늘은 가족 모임이 있는 날.
매번 참석해봐야
시집가란 소리만 들어온 터라
될 수 있으면 핑계를 대고 빠졌다.
하지만 오늘은 엄마의
간곡한 청에
할 수 없이 참석….

누구 신랑은 어디 박사라고 하더라~.
어느 대 출신에 연봉이 얼마라던데~.

그런데 넌?

역시나 시작된 첫마디.
'그럼 그렇지.
내 얘기가 빠질 턱이 있나… ' ㅡ_ㅡ;;

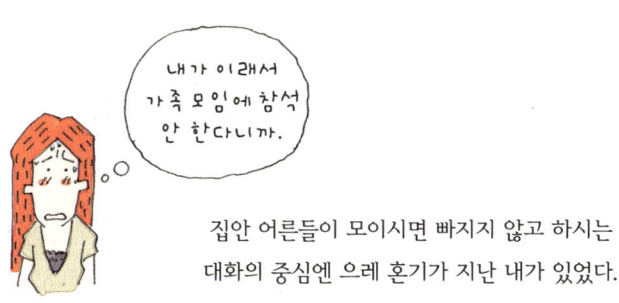

내가 이래서
가족 모임에 참석
안 한다니까.

집안 어른들이 모이시면 빠지지 않고 하시는
대화의 중심엔 으레 혼기가 지난 내가 있었다.

나 6살 연하 남친 있어!

배짱 있게 '나 사귀는 사람 있어!'라고 연하의 Z를 속 시원히 밝히고 싶었지만
말하면 보나 마나 쏟아지는 화살을 분명히 난 견뎌내지 못했을 것이다.

'아… 행복하게 사랑하는데
왜 이리 걸리는 장애물이
많을까?'

전,
평생 독신으로
살 거예욧!

어쩔 수 없이 난
어른들의 걱정을 무마하면서
내 사랑을 지킬 수 있는
유일한 방법을 찾을 수밖에….

그래서 난 '독신 선언'을 하고 말았다.
"이 방법밖에 없어…." -_-;;

아직 어리게만 보이는 20대 초반의 Z와
당장 결혼할 수 있을 것 같지도 않고,
이미 시작된 사랑 멈출 수도 없었으니
이렇게라도 무마하고 계속 가는 수밖에 없었어요.

30. 몰래 데이트

어느샌가 나의 마음속에 자리 잡은 Z.
그의 적극적인 구애로
내 마음은 이미 동요되고 있었다.

그러나 난
'이 사람이 내가 사귀는 남자야!' 라고
자신 있게 말할 수 없었다.
내 주위의 모든 사람들이 이구동성으로
반대할 것은 불을 보듯 뻔한 사실이니까.

반대뿐만 아니라
그들의 단골
가십거리가 될 것이었다.
그런 이목이 싫었다.

그렇다고 한 발짝 뒤로 물러설 내가 아니지!
난 당당하니까.

누구에게도 내 사랑을 추궁당하고 싶지 않았다.
또한 무시당하고 싶지도 않았다.
그래서 함부로 말할 수 없었던 사람.

당분간은 몰래 데이트였다.
아무도 모르게 사귄다면
싫은 소리 들을 일도
없을 테니까….

무슨 대역죄를 지은 것도 아닌데
직장이나 가족들 몰래 만나느라 정말 고생했어요.
그러나 알게 되면 더 골치 아파질 거라 생각했으니까요.

31. 우리만의 신호

회사 동료에게 우리가 사귀는 걸
들키지 않으려면 암호가 필요했다.
헛기침을 세 번 하면
30분 뒤에 ○○버스 정류장에서 만난다든지,
머리를 한 번 긁으면 지하철 XX역으로 오라든지,
턱을 만지면 오늘 약속은 취소….

쿨럭

언니
뭐하세요?

데이트하는 장소는
회사에서 최대한
멀리 떨어진 곳을 선택했고,
아무도 마주치지
않을 거라는 안심에
그와의 데이트는 무르익어갔다.

사내 커플,
몰래 사귀는 만남,

Coffee

멀리 떨어진 데이트 장소

누구도 예상하지 못한 연하의 연인.

123

날아가버린 이성

내 이성을 그렇게도 누르던
연하의 남자는 절대 사귈 수 없다는 마음은
점점 멀리 사라지고 있었다.

사랑이란 이런 느낌일까?

누나~!

어느 날 문득 정신을 차려보면
달리고 있는….

나는 도착지도 생각하지 못한 채
Z와의 사랑을 향해
달리고 있었다.

이젠, 잘 맺어질 수 있을까 아닐까
그런 생각조차 할 수가 없었어요.

사랑이란 그런 것 같아요.

마구 달리고 있는데
문득 정신을 차려보면 내가 왜 달리는지
무엇 때문에 달리는지 이유를 모르는 그런 상태요.
그렇지만
도저히 제 마음은 멈출래야 멈춰지지가 않았어요.

이성은 간 데 없고
지금 이 순간,
Z와의 사랑만이 가장 소중했지요.

32. 딱 걸린 몰래 데이트

그날 역시 여느 날과 다름없이
우리의 몰래 데이트는 계속되었다.

꼬리가 길면
잡히는 것은 당연하지만
그렇다고 우리 스스로
꼬리를 자를 순 없지 않은가.

아니나 다를까
건너편에서 오는 직장 동료를 만나고
말았다.

엇!
이게 누구야?

피할 새도 없이 코앞에서
딱 마주쳤다.
황당?!

우리의 두서없는 변명을
곧이들을 리 없는 동료였지만
우리가 할 수 있는 일은
열심히(?) 변명해서
그 순간을 모면하는 길밖엔 없었다.

Z는 우리가 연인 사이임을
당당하게 밝히자고 했지만
도저히 공개할 용기가
생기질 않았다.

가뜩이나 난관이 많은 우리 커플.
직장 내에서 연상연하 커플이라는 이름표까지
더해진다면 불붙은 데 기름까지
끼얹는 격 아닌가!

우린 회사에 소문이 돌면 무조건
오리발을 내밀기로 했다.
그러나 회사 동료들이 우리 말을
믿어주긴 할까?

너무나 험하고 먼~ 우리의 사랑 길.
정말 갈수록 태산이었다.

우리 사랑은 언제나 당당한데
연상연하 커플이라는 것이, 사내 커플이라는 것이
그렇게 숨겨야 하는 일인지 회의가 들었어요.

하지만 Z와 결혼하기 전에
우리 사이는 절대로 밝힐 수 없다는 생각이 있었어요.
제가 선택한 사랑이지만, 지금까지 온 길보다
갈 길이 더 힘들어 보였거든요.

33. 사내 커플의 문제점

몰래 데이트를 회사 동료에게 들킨 것이 큰 타격이었다.
둘이 사귀는 거 아니냐는 소문이 이미 회사에 무성해지는 중….

그렇지만 일하는 데
지장이 있는 것은 절대 싫다.
꿋꿋이 마음을 먹고 일하지만
왠지 뒤통수가 따갑다.

그런 내게 다가와 친한 척하며 말을 걸던 M녀.
왠지 기분 나쁜 예감이 들었다.
그녀는 내게 둘이 사귄다는 그 어이없는 소문이 진짜라면
내가 어린 남자 데리고 '주책'인 거라며 살살 염장을 지른다.

웃으며 부인했지만
이러지도 저러지도 못하는 내 속은
바싹바싹 타들어가고 있었다.
아무리 생각해봐도 답은 나오질 않았다.

직장 내 공개 커플은
잘 사귀어서 좋은 결실이 맺어지면 모를까
헤어지게 된다면
남자는 회사에 남아도 흠이 되지 않지만
여자는 그 직장을 다니기 힘들어지는 것이 현실.
그렇게 회사를 그만두는 여자들을
수도 없이 보아왔기 때문에 더더욱
공개할 수 없었다.

본의 아닌 퇴사

"난 절대 공개 안 해!
왜 늘 여자만 불리한 입장이 되는 거냐고!
우리가 좋은 결실로 맺어지기 전엔
딱 잡아떼고 끝까지 몰래 사귈 거야!"
사랑도 일도 모두를 지키기 위한 나의 다짐이자 필승법이었다.

Z의 나이가 어려 당장 결혼할 수 있다는 확신은 안 했지만
이미 전 독신으로 살 결심까지 했고,
잘되든 못되든 최선을 다해 사랑하기로 했어요.

34. 넘기 힘든 나이 차이란 벽

사랑의 필승법까지 만들어
다짐을 했지만
쌓여가는 주위의 압박으로
스트레스가 폭발 직전이었다.

내가 걱정돼서 더 밝게 행동하는
Z의 그런 모습마저 오늘따라 더 어리게만 보였다.

나보다 6살이나 어린 그이.
전혀 의지가 되지 않는다는
생각이 들어서
무의식적으로 자꾸 Z에게
가르치려고만 하는
말투가 나왔다.

내 잔소리를 가만히
듣고 있던 Z.

대뜸 내게 질문을 던졌다.

사랑하는데 나이 차이가 그렇게 문제가 되는 거냐고,
그렇다면 도대체 세상에 가능한 사랑은 몇이나 되겠냐고,
누나의 눈은 나이란 벽에 가려 사랑은 전혀 보이지 않는 거냐고.

그동안 많이 참아온 듯한 Z의 질문은
봇물 터지듯 쏟아졌다.

사랑하는 거
너무 힘들어.

난 아무 대답도 할 수 없었다.
자신 없는 내 마음을 들켜버린 기분이었으니까….

거침없이 사랑하기에는 주변의 많은 장벽이 너무 높았다.
그것을 하나하나 허물어버리는 건 참으로 힘든 일이었다.

"널 처음 만날 때보다 내 사랑은 점점 더 커져가는데
이러다 널 잃을까 자꾸만 두려워져…."

나이 차이란 벽은
오히려 제 마음속에 더 뿌리 깊게 자리 잡고 있었던 거예요.

35. 이간질하던 M녀

6살 많은 언니랑 사귄다는 소문. 어이없는 일인 거죠~.

은근히 내 속을 긁어대던 직장 동료 M녀.

그녀는 나이가 무척 어리다. 자신의 젊고 톡톡 튀는 귀여운 애교 하나면 남자들을 다 쓰러트릴 거라는 착각 속에 산다.

Z와 내가 사귀는 거 아니냐는 소문이
회사에 돌기 시작한 후
유독 친한 척하며 우리와 어울렸다.

우리도 직장 내에서 몰래 사귀기 위한
연막작전이 필요했던 터라
M녀가 썩 마음에 들진 않았지만
함께 다니게 되었다.

M녀의 존재를 크게 생각하지 않았지만
어느 때부턴가 살살 우리 사이를 이간질하기 시작했다.

내뀌지 않는 급 친한 관계

언니
언니~

언니, Z씨 밥
먼저 먹었다는데.

그래?

그 첫 시작은 식사 시간.
함께 식사하러 가기로 했는데
Z가 해야 할 약속 취소를
M녀가 대신 전했다.
"왜 M녀가 그 얘길 대신 하지?"

또 어느 날은, 저쪽에서
M녀의 목소리가 들린다.
"나 어제 Z씨랑
　손잡고 집에 갔잖아."

정말?

아… 정말~
쟤 도 대체
정체가 뭐지?

어이가 없었다. ㅡ_ㅡ;;

Z에 대한 믿음이 흔들리진 않았지만
M녀를 둘러싼 개운치 않은 소문은 점점 커져만 갔다.

남의 것이 더 좋아 보이는 게
사람 심리죠.

좋은 게 있으면 남의 것을 뺏어서라도 제 것으로 만들고자 하는
못된 심보까진 가지 않는 게 보통인데, 예외인 사람이 있더라고요.
M녀가 바로 그 심보였던 거죠.

저랑 사귄다는 소문이 나자
다른 남자들은 제쳐두고
자기와 아무 일도 생기지 않는 Z를
표적으로 접근했던 거예요.
그녀의 속마음을 모르던 저희들은
점점 기분이 나빠졌어요.

➕ 304호환자

허얼… 진짜 이럴 때 사람이 싫어진다니까요.
서로 사랑해도 힘든데 사이에서 이간질하려는 사람의 뇌 속엔 뭐가 있는 걸까요?

36. 이상한 소문

우리 사이는 M녀가 끼어든 다음부터
계속 엇갈렸다.

> 언니,
> 그 얘기
> 들었어?

> 뭘?

> 글쎄~
> M녀 있잖아. 걔 어제
> 집에 들어가는데
> Z가 못 들어가게
> 잡았다더라.

> 에이 설마?
> Z가 그럴 사람
> 아닌 거 너도 잘
> 알잖아. M녀 말을
> 믿니?

그러던 어느 날,
친한 직장 동료를 통해
이상한 소리를
들었다.

> 그래도 언니,
> 없는 말이 괜히
> 왜 나겠어?
> 안 그래?

그녀는 M녀가
뭐 좋은 일이라고
먼저 그런 말을
남한테 했겠냐면서
근거 없이 나오는 소문 봤냐고
내게 반문했다.

뭐지? 지금 이 상황. Z가 그럴 리 없는데.... 이번 건 좀 세다.

M녀는 나와 무슨
철천지원수를 진 걸까?
사랑하는 Z를 믿었지만
나는 서서히 헷갈리고 있었다.

무엇이 진실인지
당장 Z에게 달려가
확인하고 싶었지만
그러기엔 내가 너무 구차스러웠고
자존심 상했다.

생각만 해도 얄미운 M녀!
그녀는 도대체 왜 바퀴벌레처럼 나타나
Z와 나 사이를 파고드는 걸까?

아~! 아니야.
아니 땐 굴뚝에 연기가 날 수 없어.
드디어 내 머리는 빙글빙글 돌기 시작했다.

Z를 믿지만 만의 하나, 혹시라도 그 하나 속에
제가 보지 못한 그의 다른 모습이 있지는 않을까.
이런 생각까지 들더라고요.
이런 마음까지 든 데는 M녀의 활약이 아주 컸던 거죠.
기가 막힌 방해 공작의 최고봉이었어요.

댓글

 에뮈

마치 한 편의 드라마를 보는 듯한 이 짜릿함!!!

37. 나의 못난 자존심

물어봐? 말아? 휴~ 관두자.

누나, 오늘도 같이 퇴근?

직장 내에서
M녀가 Z와 사귄다는 소문은
눈덩이처럼 커져갔다.

'알아서 먼저 얘기해주면 좋으련만….
Z는 이 소문이 아무렇지 않은 걸까?'
사실이 무엇인지, M녀가 왜 그런 소리를 하고 다니는지 정말 궁금했지만
나의 얄량한 자존심이 막고 있었다.

아니, 분명히 얘기하지 않는 Z를 의심하고, 화를 내고 있었다.

생각은 자꾸 복잡해졌다.
우리… 아직 시간이 더 필요한 걸까….

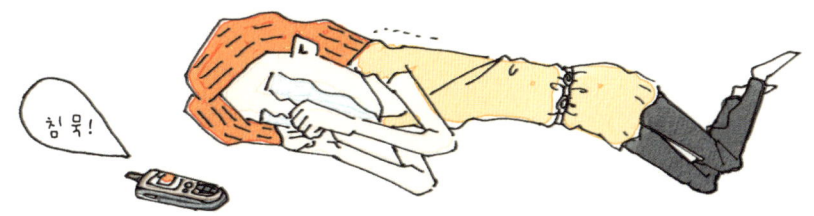

난 Z보다 나이가 6살이나 많은 연인.
Z가 변했다고 생각하는 건 나의 자신 없는 못난 자존심 때문일까?
일이든 사랑이든 이렇게까지 소심한 적 없었는데… 자꾸만 자신이 없어졌다.

왜… 왜 갈수록 어려워질까?
단지 우리 둘 사랑하는 것뿐인데….
그 마음만 있으면 뭐든 할 수 있다 생각했는데….

작은 바람에도 한없이 흔들리는 약한 자.
그 이름은 사랑 앞에 선 바로 나.
상처 받고 있었다.

'아… 나 자꾸 유치해지는 것 같아.'

여지없이 흔들려버린 내 마음을
나도 알 수가 없었다.

Z를 의심하는 것은
내 사랑에 아직 확신이
없어서일까?

내가 말하는 사랑이란 무엇일까?
보이는 것을 믿는 것은 어려운 일이 아닌데
지금 내가 말하는 사랑은
그저 겉핥기식의 사랑일까?

속는다 해도
그를 믿는 것.
그것이 설령 배신당하는 일이라고 해도
믿은 것이 후회가 되진
않을텐데….

147

믿을 수도 없는 말을 하는 M녀 때문에
이렇게까지 흔들려버린 제 자신에게 실망했습니다.

38. 불신의 오해

누나, 요즘 무슨 일 있어?

Z의 문자

Z에게서 또 문자가 왔다.
계속해서 응답이 없는 핸드폰과
쌀쌀맞은 나의 행동을
그가 눈치채지 못했을 리 없었다.

더는 이런 어정쩡한 마음 상태, 견디기 힘들었다.
Z를 의심하는 내 혼란스러움에 마침표를 찍고 싶었다.

그래,
확실하게
물어보자.

'좋아! 만나자고.
Z의 마음이 변했다고
단정지을 수도 없잖아.'

약속 장소로 나가면서
나의 마음은 의외로 단호해졌다.

오랜만의 데이트에
활짝 웃음을 머금은 Z의 표정은
천진스럽기만 했다.

솔직하게
대답해줘.

뛰는 내 마음을 억지로 가다듬으며
차분하게 하나하나 물었다.
M녀와의 소문, 우리의 엇갈림.

누나, 오늘 되게
심각하네~. 뭔데?

Z는 황당해했다.
그리고 억울하다는 표정이
역력했다.

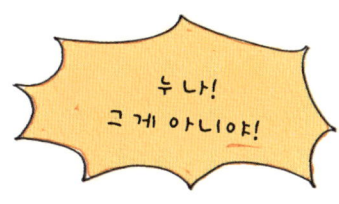

그때 우리 함께 식사하러 가자던 그날.
M녀가 자기에겐
밥 먹으러 가는 약속 취소됐다고
그냥 혼자 먹으라고 했단다.

M녀와 손잡고 퇴근했다는 소문?
Z는 그날 A와 함께 퇴근했다고 한다.

Z가 M녀를 집에 못 들어가게 했다는 말.
(정말 억울하다며) M녀가 집에 들어가기 싫다고 고집을 부려
자기가 억지로 집에 들여보내느라 정말 애먹었단다.

M녀에 대한 이런저런
이야기를 하면
내가 신경 쓸까봐
걱정돼서 일부러
얘기하지 않은 것이라고
말했다.

시간이 갈수록 하나둘씩 풀리는
오해의 조각들.

진작 확실하게 물어보면 됐을 일을
용기가 없어 혼자
마음 상했던 시간들….

Z에게 모든 것이 미안했다.

나는 갑자기 울보가 되었다.
바보같이….
'사랑'이라는 마약에 마음은 점점 약해지나 보다.

제가 Z보다 나이가 많으니
그에게 의지가 되고,
어른다워야 한다는 생각이
오히려 오해를 크게 키웠다는 생각이 들었어요.

39. 직장을 옮기다

Z의 어깨는 참 따뜻하다.

언제 기대어도
내가 가장 편안하게 쉴 수 있도록
자신의 어깨를 살짝 내려
내 쪽으로 향해준다.

Z와 함께하는 이 순간.
가장 행복한 시간.
시간이 이대로 멈추었으면….

'이젠 남들 시선쯤 내가 신경 쓰지 않아주겠어!
Z가 곁에 있으면 용기가 막~ 생기는걸!'

함께 퇴근하는 버스 안이었다.
Z는 내게 불현듯 직장을 옮긴다고 말해왔다.
이유는 다른 회사에서 자기 능력을
시험해보고 싶다는 것.

'실은 내가 신경 쓰는 것이
계속 안타까웠던 건 아닐까?

누나, 나 회사
옮기려고.

갑자기 왜?

사내 비밀 커플로
사귀며 일하느라
일도 사랑도 많은 에너지가
필요했다.

끝까지 우리가
비밀로 만나려고
작정한 것은 아니다.
우리 사이를
직장 내에서 공개하는 날은
우리가 결혼식 날을
잡은 뒤라고 생각했다.

서로 다른 회사에 다니는 것이 일에 더 집중할 수 있고,
데이트도 자유롭게 할 수 있지 않겠냐는 Z의 말은 내게 굳은 의지를 심어주었다.

Z도 그동안 내색은 안 했지만 여러 가지로 나에 대해
신경 쓰이는 말들을 많이 들었을 것이다.

우리
열심히 하자!

힘낼게!
누나.

필승!
행복한 우리의 미래를 만들어가기 위한 과정인걸.
끈질기게, 강하게!

아쉬운 마음은 뒤로하고
사랑도 일도,
둘 다 열심히 하자며 퇴근길
정다운 이야기꽃은
끝없이 끝없이 이어졌다.

 Z가 회사를 옮기고 난 뒤 듣게 된 M녀의 말이 히트였죠.
Z가 그만둔 이유는 자기가 사랑을 받아주지 않아서라나?

연상연하라는 고정관념을 깨뜨리자

하나. 연하의 남자는 어리다?

그럴 수도 있고 그렇지 않을 수도 있다.

그건 나이 많고 적고의 문제가 아닌 사람에 따라 다른 것이 아닐까?

둘. 연상녀는 푸근한 모성애와 끝없는 이해심이 있다?

글쎄… 연하남을 만나는 연상녀들도 힘들 때 기대고 싶은 게 당연하다.

셋. 나이 많은 여자를 만나는 것은 혹… 여유 있는 경제력 때문?

이런 연하남은 절대 피하라!

넷. 나이 더 들면 반드시 나이 어린 여자가 좋아질 게 분명?

너무 통속적인 생각이다. 사랑이라 부를 수 없다!

사랑은
나이 많고 적음을 따지는 것이 아니라
다른 서로가 만나
같은 삶을 살아가면서
조금씩 닮아가는 것.

5장

위기

40. Z의 빈자리

Z가 다른 직장으로 옮긴 후
혼자 근무를 하게 됐지만,

금세라도 Z가
미소를 띠며 반갑게
날 부르는 것 같은
느낌이 들었다.

그렇게 뒤돌아보면
Z는 환영 속으로 사라졌다.
'영영 이별을 한 것도 아닌데
이 무슨 청승이람.
일도 사랑도 둘 다 열심히 하기로
맹세했잖아.'

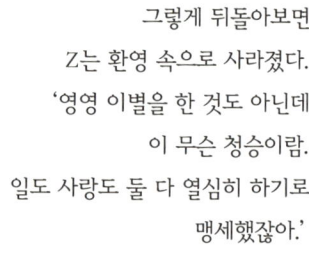

같은 직장으로 출근해 모닝커피를
함께 마시며 일과를 시작하고,
동료들과 모여 같이 점심을 먹고,
업무에 대해 의논하고,
몰래 만나 함께 퇴근하던 우리의 소중했던 시간.

Z가 다른 직장으로 옮기고 난 뒤 회사가 텅 빈 것 같았어요.
이렇게 그가 내 습관처럼, 공기처럼 존재했었나 새삼 확인하게 된 계기였죠.
우리 만남의 새로운 전환점이었어요.

댓글

 용컨

맞아요. 그런 이유 때문에 결혼해서 함께 사는 게 아닐까 싶어요.

41. 연락 불통

요 며칠 사이
Z에게 통 전화가 없다.
웬일일까?
새로 옮긴 직장이기에
새 업무, 새 사람들과
적응하느라 정신없는 걸까?

그래도…?
다음 날도, 그다음 날도…

Z의 전화는 대답 없이
신호음만 길게 울릴 뿐이었다.

차츰 조바심이 났다.
그리고 별별 생각이 수도 없이
떠오르기 시작했다.

'혹… 아파서? 아냐, 아냐.
과로로 길 가다 쓰러졌을지도….
어머, 어쩌지?'

안돼!

안돼!

모른 채 Z를
내버려 둘 순
없어!

정말 방정맞은 생각까지
우수수 쏟아져 내렸다.
'그래! 최후의 방법이야.
Z의 본가에 전화를 하자.
그곳엔 그가 있을지도 몰라.'

신호가 가자 건너편에서 들려오는
그의 어머니 음성.

놀란 가슴에 Z의 안부를 묻기는커녕
죄지은 사람처럼 황급히 전화를 끊고 말았다.

'아 이런 예의 없는 행동을⋯.
Z의 어머니가 날
싫어하시면 어쩌지?'

잘못한 것도 없는데 죄지은 기분.
나보다 6살이나 어린 남자를
사랑한다는 것이
금기도 아닌데⋯.

떳떳할 수 없는 나 자신이
비겁하게만 느껴졌다.

자격지심이었죠.
어머니가 목소리만 듣고 연상인지 연하인지 아실 수 없을텐데도
몰래 전화한 사람처럼 아무렇게나 끊어버리고,
Z의 안부도 알아내지 못한 채, 저의 예의 없는 전화에
그의 어머님이 분명히 저를 싫어하실 거라는 생각이 들자
괴로움은 더욱 커져갔어요.

댓글
....

 사은

연락이 갑자기 안 되면, 정말 별의별 생각이 다 들지요.

애타게 기다렸던
Z의 전화인 줄 알았다.

그런데 이게 웬일?
까마득히 잊고 있었던 7년간 사귄 그였다.
왜 하필이면 이럴 때 그의 전화가…. T_T;

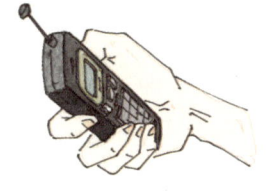

하지만 사람 인연이란 것이 자른다고 쉽게 잘라지던가?
나는 서둘러 전화를 끊었다.

헤어진 그에게
내 복잡한 심경을
내색하고 싶지 않았다.

'그래. 어쩌면 내가
벌을 받는 것인지도 몰라.
오랜 연인을 버리고
연하의 Z를 잡겠다고 했으니….'

잘되길 바라는
내 마음이 욕심인 걸까?

아~! 암울한 시간이다.
도대체 Z는 왜 연락이 없는 거야?
나는 끝도 없는 낭떠러지에서
추락하는 기분이었다.

그러나 그 순간까지 난
핸드폰을 꼭 잡고 있었다.

전화를 걸면 걸수록 전화 걸기가 왜 그리 힘든지…
집착하는 것 같은 제 자신이 싫고,
Z가 멀어질까 두려웠거든요.

오랜 시간이 지나지 않았는데 길게만 느껴졌어요.
시간이 멈춘 것 같았죠.

야속하고,

밉고,

그러면서 또 그립고….

댓글

 이미영

생각지 못했던 사람에게서의 전화. 어떤 기분이었을까요?
전화를 기다리던 답답한 마음이 여기까지 느껴지는 것 같아요.ㅠㅠ

43. 드디어 폭발했다!

오늘같이 비 오는 날은
더욱 그랬다.

바보!
바보! 바보!

미워!
미워! 미워!

매일같이 타는
만원 버스 안에서
이리저리
흔들리면서도
나는 온통 Z의
환상 속에 빠져 있었다.
멍청하게….

'앗! 진동! Z다!'
정말로 기다리지 않는다고
큰소리쳤던 난,

지이이잉

자존심도 없이 재빨리
통화 버튼을 누르고 말았다.

뭐야 뭐야!
전화도
안 하고~.

누나~
미안 미안!
계속 철야 작업 하느라
정신없었거든.
내 맘 알지?

그는 일이 너무 바빠
매일 밤샘 작업을 하느라
조금도 틈이 나지 않았다고 한다.
Z는 피곤하다며
서둘러 전화를 끊었다.

그동안 밀린 할 말이 너무너무 많은데….

다녀왔습니다.

왔니?

'아~! 이게 뭐야.
아무리 바빠도 그렇지!
너무하잖아!'

마음으론 이해하려고 안간힘을 썼지만
가슴 밑바닥에서부터 치솟아 오르는 화에 나도 모르게 절규했다.

Z가 직장을 옮기면 자유롭게 만날 수 있을 줄 알았는데
새로운 벽이 생기다니…. T_T

좋다고 매일같이 쫓아다닐 때는 언제고
이젠 제 속을 태우는 Z를 보니 화가 치밀었어요.

옮긴 직장 일이 아무리 바쁘다고 해도 전화 한 통 할 시간이 없다는 게
정말 이해가 안 됐거든요.
제가 나이가 더 많으니 무조건 이해해야 한다는 것도 싫었어요.

산 너머 산이라고,
어려운 고비 하나 넘기고 나면 또 고비라는 말이
딱 맞는 듯했어요.

댓글

🌐 워크맨 속 갠지스

"보고 싶으면, 기다리는 것이 아니라 내가 직접 달려가라."

44. 사랑의 상처

6살 어린 Z와 결혼?
내겐 꿈 같은 이야기다.

그런 나를 무모하게 사랑하게 만든 단 하나의 이유.

Z와 함께라면 어떤 고난도 우리가 만들어갈 사랑을 향해
뛰어넘을 용기가 생겼기 때문이다.

그러나 직장을 옮긴 후
Z는 예전과 많이 달라졌다.

일부러 그러는 게 아니라고 자기 상황이 많이 힘들어서 그러니

이해해달라고 얘기했지만

Z의 진심이 뭔지 난 정말 알 수 없었다.

됐어!
그렇게 바빴음
일하지 그랬어!
피곤한데 나 만나러
나오지 말고 그 시간에
잠이나 자!

가만 생각해보면,
6살 연상의
애인인 내가
한참 어린 Z에게
부담스러울 수 있다.

알아서 포기하길
기다리는 건데 내가
둔해서 눈치채지
못하는 건 아닐까?

누나….

혼란스러운 생각들로 마음이 어지럽던 날,
가시 돋친 말로 그에게 상처를 주고 말았다.

사람은 왜…

자꾸 왜 그러지.
이건 정말
나답지 않아.

사랑하는 사람에게 상처를 입히는 걸까?
왜 그냥 사랑만 할 수 없는 걸까?

제 속이 그렇게 좁은지 몰랐어요.
그래도 나잇값은 하고 산다고 생각했는데
갈수록 유치해지는 제 행동은 봐줄 수가 없더라고요.

Z에게 상처를 주면 줄수록
제 마음도 같이 아픈데
제 마음을 저도 모르겠더라고요.

사랑이 왜 이렇게 힘든 건지,
아픈 사랑 할 나이는 지났다 생각했는데
완전 제대로 걸린 거죠.

댓글

 사은

맞아요. 사랑하는 만큼 더 불안하고 더 자신이 없어지고,
그러니까 상처도 주게 되는 것 같아요.

45. 친구의 조언

변해버린 Z에 대한
내 생각은 갈수록 답이 없었다.
생각을 정리해야 했다.
'그러나 나 혼자서는 어떻게 할 도리가 없잖아.'

한 번도 속마음을 보이지 않았던
친구를 찾았다.

놀라지
말고 들어.
실은 내가….

뭔데 그렇게
심각해?

그리고 진솔하게
고백했다.

그녀는 내 얘기를 듣고 나선
한참 충격을 받은 표정이었다.

네가 지금
제정신이니?

어린애 뒤치닥거리 하며
살 일 있냐고,
네가 나이 더 들면 어린 Z에게
넌 여자로 보이지도 않을 거라고 했다.
그러더니
그때 가서 속 태우기 전에
당장 관두라는 것이다.

그래도 이 친구만은
내 마음을 알아줄 거라 생각했는데….

그녀가 하는 말은 하나하나 화살이 되어 내 마음에 비수로 꽂혔다.

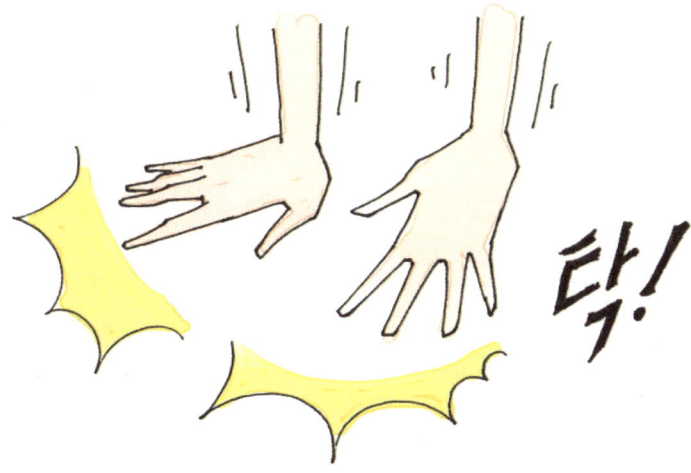

탁!

'그래! 친구의 말이
내 마음에 비수로 꽂히는 걸 보면
나는 Z를 너무 사랑하나 봐!'

오기가 생겼다.

'네가 정말 사랑을 알기나 해?'

내 안에서 이 말은
크게 크게 퍼져갔다.

그러나, 그러나….

현실에서 그 목소리는
왜 자꾸 작아져서
점점 희미해지는 걸까?

어떻게 하면 좋을지
상담해보려고 한 제 생각이 오산이었죠.
오랜 친구라고 더 강하게 반대하더라고요.

친구의 말이 더 잔인했던 건
내 나이가, 현실이 그리고 앞으로 Z와 내가 가야 할 미래가
더 막막하게만 여겨지도록 했다는 거죠.

댓글

 황진옥

전 30대 후반의 아줌마예요. 살면서 나이는 점점 작아져요.
대신 결혼하면 남자는 가장이고 여자는 아내라는 거요.
서로 이해하면서 만들어가보세요. 사랑하신다면 말이죠.

46. 이별 연습

사람을 사랑하는 건
아름답기만 한 것은 아니다.

Z는 내내 직장 일로
힘겹게 끌려다녔고,
일에 지친 그에게 난
화내고, 투정 부리고, 의심하고…

바보 같은 내 모습이
무척 보기 흉하다는 걸 알면서도
난 점점 더 그를
이해할 수 없게 되었다.

Z를 사랑한 뒤부터 지금껏 난 나 자신을 잃어가는 것만 같았다.
고민 끝에 내린 결론은…

우리 당분간 만나지 말자.

누나! 그게 무슨 소리야?

서로 거리를 두고
차분히 생각할 시간을 갖는 것이었다.

무슨 일이 있어도 함께하기로 맹세했잖아!

나한테 시간을 좀 줘.

직장 일로 바쁘고 피곤한 Z에게
더는 부담을 주고 싶지 않았다.

못난 나여서
미안해.

'그럼에도, 너여야 한다면 그게 우리 운명일 거야.'

누나⋯⋯

이제 내가 할 수 있는 일이라곤
Z와의 사랑을 '운명'이라는 두 글자에 맡겨보는 것이었다.
나는 그렇게 약해져갔다.

어떠한 슬픔도 없는 행복은 존재하지 않는다고 하죠.

사랑할수록, 마음이 깊어질수록 더 고통스러웠어요.
제 스스로 느끼기에도 갈피를 못 잡는
꼴사나운 모습이 되어가고 있었죠.

그 고통을 넘어야 한다는 걸 머리로는 알겠는데
행동은 전혀 따라주질 못했어요.

그를 누나처럼 감싸주고, 의지가 되는 연인이 되고 싶었지만,
현실에선 사랑 앞에 한없이
흔들리는 한 여자였으니까요.

🕊 파랑새

무관심이 상대의 믿음마저 흔들리게 할 만큼 치명적인 이유가 되는 걸
남자는 모르는 걸까요?

47. 잡념 금지

절대 풀리지 않으리라 생각했던

잡념금지

결국 남는 건
일밖에 없어.
일하자, 일!

우리 '운명'의 끈은

덧없는 시간 속에
서서히 풀어졌다.
하루, 이틀, 사흘… 한 달, 두 달….

191

문득문득 Z가 미치도록 그리웠지만
그럴수록 난 이를 악물고
더욱 일에 몰두했다.

Z는 잘 지내고
있을까?

'내가 너보다 먼저 성공해서
더 높은 곳으로 올라가주겠어!'

아아악

그러나
마음이 괴로우면
몸도 약해진다고
했던가….

아… 요즘
허리가 왜 이렇게
불편하지?

마음의 고통은 고스란히 내 건강으로
옮겨가는 중이라는 걸 미처 몰랐던 것이다.

눈에서 멀어지면 마음도 멀어진다고 하죠.

이별은 제가 먼저 선언해놓고,

잠시 동안의 이별이 앞이 보이지 않는 안개처럼

막막하기만 했어요.

어릴 때 같았으면 울고불고 절대 헤어지는 건 안 된다고

끝장을 보자고 했겠지만,

늦은 나이의 사랑이라 그런지

바보 같은 모습을

보이긴 싫었어요.

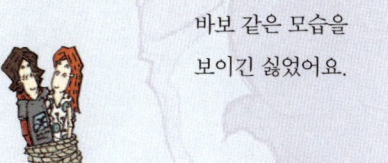

댓글

 사은

분명 해피엔딩(?)일 거란 걸 알면서도 이렇게 읽는 내내 안타깝고
슬픈가요! 사랑하는 만큼, 행복한 만큼 아프다는 말이 실감 납니다.

습관이란 무섭다.
일을 위해 한번 작업대에 앉으면
무조건 끝장을 보는 게 나의 습관이다.
결코 좋은 버릇은 아닐 것이다.

48. 쓰러지다

이 안 좋은 습관은
Z와의 이별의 슬픔을 이기기 위해
더 일에 매달리던 내게
'허리 디스크'란 병을
안겨주었다.

내 몸이 유연하지 않아서 허리가 불편한 줄만 알았다.
그러나 그것이 '허리 디스크' 증상이란 건
생각지도 못한 채 더는 참을 수 없는 통증으로
병원을 찾았다.

심한 디스크예요. 하루라도 빨리 수술을 해야 합니다.

하던 일도 있고, 당장은 힘든데….

의사는 수술을 해야 한다고 했지만
직장을 다니는 사람이 갑자기 수술을 하긴 곤란했다.

수술을 미룬 채 좀 더 치료를 받아보기로 했지만

이상하게 증세는 더 심해져갔다.

이제는 앉지도 눕지도
못하는 상태가 되었다.
'Z도 이런 나를 더는 돌아보지 않겠지.'

몸도 마음도 끝없는 나락으로
떨어지고 있었다.

결국 화장실도 내 발로
갈 수 없는 상태가 되어버렸죠.
멀쩡하던 제가 순식간에 허리 때문에 거동을 못 하게 되니
하늘이 깜깜했어요.
이대로 가족들한테 폐를 끼치며 살아가는 건 아닌가
두려워졌죠.

● ● ○ 정문경

눕지도 앉지도 못하는 거, 겪어보지 못한 사람은 모르는 아픔이죠.
근데 그 아픔보다 마음은 더 힘드셨을 것 같아요.

6장

회복

49. 쓰러진 나를 일으켜 세우다

열심이었던 일도,
전혀 문제없을 줄 알았던 건강도
나의 사랑도, 꿈도…
물거품이 되어 날아가버렸다.

왜 잃고 난 뒤에야
그 소중함을
알게 되는 걸까.

이제 내 몸은
마음대로 움직여주질 않았다.
내 인생,
정말 끝이라고 생각했다.

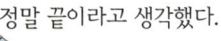

누나,
많이 힘들었지?

우연은 아니었다.
그는 거짓말처럼 내 앞에 나타났다.
마치 수호천사처럼….

Z는 거의 탈진 상태의 나를
일으켜 세웠다.
그리고 내 옷가지를 챙겨
병원으로 향했다.

그때 비로소 나는 알게 되었다.

세상이 다 변해도
이 사람만은 절대
변하지 않을 거란 사실을….
내가 Z를 믿기 시작한 건 바로
그때부터였던 것 같다.

누나,
얼른 나아서
건강하게 다니자.

Z는 나이 어린 자기와 사귀면서

힘들어하던 제 모습에 가슴이 아파서

자기가 성공하여 한 사람의 남자가 되면

제가 편안히 기댈 수 있을 것 같아 더 열심히 일했다고 해요.

제 건강이 그렇게 심각한 줄 몰랐다며

이젠 어떤 일이 있어도 떨어지지 않고 절 평생 지켜주겠다고 했죠.

헌신적인 Z의 사랑은 감동 그 자체였어요.

댓글

 베이비슈
언제쯤 이 순간이 다가올까 한참을 기다렸어요! 감동입니다.

 누리
이전 글까지 너무 마음이 아파 조마조마했는데 이런 반전이 있을 줄이야.
ㅎㅎ 너무 기뻐요.

50. 병원 가는 길

누나, 괜찮아?

...

허리 디스크란

수술을 받아도 자세가 안 좋으면

다시 재발할 우려가 많은 병이라 했다.

될 수 있는 한 수술은 안 하고 치료받는 쪽을 택했다.

Z는 나를 부축하며 병원까지 동행했다.

막히는 버스에서 내려 지하철로….

그런데 그곳에서

끝이 보이지 않는 계단을 보자

난 공포부터 느꼈다.

'언제 다 올라가지….'

지하철 입구

끄응…. -_-;;

누나!
표.

저기, 자리 양보 좀….

겨우 지하철을 탔지만
자리가 남아 있을 리 없었다.

Z는 용감하게
앉아 있는 사람에게 자리를 양보받았다.

겉으로 보기엔 멀쩡한 내 모습에
사람들은 의아해했다.

누나 다 왔어.
조금만 힘내.

응.

건강할 때
불편한 줄 몰랐던 일상이
허리 디스크란 병으로 인해
하나하나 힘들어졌다.
환자의 고통을
알았다고나 할까?

드디어 간호사가
내 이름을 불렀다.

떨리는 마음으로
진료실을 들어갔다.
'떨지 말자.
내 옆엔 든든한 Z가 있지 않은가.'
이때처럼 그가 고맙게 느껴진 적이 있었을까?

내가 아파봐야 아픈 사람 심정을 안다고 하죠.

이 세상은 건강한 사람이
살기에 편한 세상이란 생각이 들었어요.

병원까지 그 먼 길을 또 어찌 갈까 싶었지만
Z의 지극한 간병은 정말 눈물 나게 고마웠어요.

댓글

 달

저도 사랑하는 사람이 생기면 Z씨처럼 잘해야겠다는 생각이 팍팍 드네요.^^

 슬아

연애 영화를 보는 것 같은 기분이 들어요~

51. 면허를 따다

이젠 수술을 하지 않고도 치료가 가능합니다.

Z의 지극한 보살핌으로
내 건강은 차츰
회복되어갔다.

아, 정말요?

담당 의사도 내 허리 디스크가 많이 좋아졌다며 너무
무리하지만 말라고 당부했다.

아주아주 기쁜 마음이었다.
수술을 하지 않고 치유될 수 있다니….
우선은 Z에게 알려주는 게 급선무!
아니나 다를까…

호랑이 제 말 하면 온다더니 Z가 활짝 웃으며 나타났다.

아~! 그런데 웬 차?

며칠 소식이 없더니 그동안 부랴부랴
운전면허를 따 중고차를 몰고 나타났다.
허리가 아픈 나를 위해서였다.
감동 그 자체. T_T

나의 전용 기사가 돼주겠다는 고마운 Z의 마음 씀씀이. T_T
시승식 기념 드라이브를 하자는 말에 우린 즐거운 마음으로 도로로 나섰다.

그러나 그날의 드라이브 코스는
무조건 직진.

누나, 끼어들기를
못 하겠어. 어쩌지.
T_T

끼어들기에 번번이 실패한 Z는 당황한 채 진땀을 뻘뻘 흘렸고,
우린 그저 앞으로 앞으로… 갈 수밖에 없었다.

괜찮아.
천천히 가지 뭐.

그렇지만 우리,
오늘 안에 무사히
도착할 수 있을까?

"근데 왜 중형차야?"라는 나의 질문에
Z 왈 "이게 쿠션이 좀 더 좋대." ^^;;

면허 시험을 빨리 볼 수 있는 지방에까지 가서,
일주일 동안 숙식하며 합격했으니 얼마나 정성이에요.

Z 말로는 자기는 평생 운전할 생각이 없었는데
제가 아프니 자기가 나서지 않으면 안 되겠더래요.

저의 아픔이 그의 큰 사랑을 알게 된 계기가 되었죠.

 댓글
_____

♡ 영주

　진짜 감동이네요. 제 남자 친구도 제가 아프면 그렇게 해줄 수 있을까요?

함께 바라본 세상

그런 얘기를 많이 들었어요.
나이 어린 사람과 사귀니 능력 있다, 좋겠다,
심지어는 '나이 먹고 순진한 어린애 꼬신 거 아냐?' 라는 소리까지.

반대로 Z는 그런 소리 많이 들었죠.
얼마나 예쁘기에? 능력이 그렇게 좋아? 돈이 많아?
아님 진짜 좋아하는 거 맞아? 등등.

정작 사랑을 하며 살다 보면 나이 차이를 전혀 느끼지 않게 되거든요.

물론 저도 여자로서 나이가 들어 보이는 것은 싫지만
(오래오래 예쁘고 싶은 거 여자의 심리잖아요~)
그래도 자신이 하는 일 열심히 해나가다 보면 멋진 사람으로 늙을 수 있지 않을까요?
그리고 무엇보다 Z와 함께라면 행복하게
나이 들 수 있을 거라 믿어요.

사랑은 내가 살아왔던 세상이
아주 작은 일부에 지나지 않다는
사실을 아는 것.
그리고 이제까지의 세상보다
두 배로 큰 세상에서 살아가는 것.

52. 겁 없는 초보 운전

남산 어때?

좋아, 좋아!

대찬성!

초 보라는 걸 자꾸 잊어버리는
겁 없는 Z

달려요!

Z가 초 보인지 전혀 모르는 S양

초보 운전자들은
누구나 한 번씩
대(?)사건을 겪기 마련이다.

내 친구 S를 초청해서 Z와 함께 식사를 마치고
우리는 남산 드라이브를 즐기기로 했다.
겁도 없이….

순간이나마 나는
Z가 완전 초보라는 걸 깜빡했다.
룰루랄라~!

드디어 남산에 도착했다.
그러나 주차할 만한 곳이 눈에 띄질 않았다.

갓길 주차도 이미 꽉 들어차 있고,
겨우 한 자리를 찾았지만
바로 난관에 봉착했다.

경사진 갓길에서 생전 처음 해보는 주차.
Z의 당황은 허둥지둥으로 변해갔다.

Z가 초보란 걸 모르고 따라간 S양.
무척 놀란 그녀는 자신이 당황한 걸 티 내지 않으려고
아무렇지 않은 듯 더 씩씩하게 소리쳤고,

난 겁을 먹고 순간 온몸이 경직됐다.

그리고
어찌할 바를 모르던
그의 얼굴은

하하하.
천천히 해~!

어쩌지….
T_T

붉으락
푸르락.

후진을 하자니 경사진 언덕에서
얼마나 밟아야 할지 감은 안 오고,
지나가는 사람은 많고…
초보 Z에겐 무척
어려운 주차였던 것.

우왕좌왕하던 중,
뒤차에 앉아 느긋하게
데이트를 즐기던 커플.
우리가 불쌍해 보였는지
차를 후진해서 주차할 자리를
만들어주었다.

많이
놀라셨죠?

스릴
만점이었어요.
ㅎ

괜찮아? ^^;;

얘~ 어디 또
남산 오겠니?

그러나 Z도
정말 즐겁게 남산 야경을
만끽했을까?
생각만 해도 아슬아슬했던
'초보 카 데이트'였다.

215

함께 탄 S양, 너무 놀라 간이 콩알만 해졌다나요.
자기가 당황하면 Z가 주차하는 데 더 버벅댈까봐
아무렇지 않은 척 큰 소리를 냈다더라고요.

그래서 아직도 경사진 길이라면 왠지 꺼려지곤 해요.
그 후유증 때문이겠죠?

댓글

워크맨 속 갠지스

없던 용기도 생긴다. 갑자기 무모해지기도 한다. 저돌적이다.
한없이 부럽다. 사랑하면, 그렇지요.

53. 하이파이브

Z는 운전 중 가끔
알 수 없는 행동을 했다.

> 응?

그것은 오른손을 드는 행동.

> 무슨 뜻이지?

'혹… 내게 손뼉 쳐달라는 신호를 보내는 거 아니야?
아~ 나 참, 눈치도 없지.'

엇!

그래서 난,
Z가 손을 들 때를 기다려
얼른 그의 손에
하이파이브를 했다.

하하….

'역시~ 그럼 그렇지!'
그가 기쁘게 웃는다.

'하이파이브를 이렇게나 좋아하다니
앞으로 잊지 말고 쳐줘야겠다.'

하하하하….

Z가 기뻐하니 내 마음도
덩달아 뿌듯해졌다.

그 후로 난,
그가 오른손을 들 때마다
빠짐없이 하이파이브를 했고,
Z의 웃음소리는 한층 높아져만 갔다.

Z : 실은 내가 오른손을 드는 이유는
　　옆 차선에 끼어들 때
　　뒤차가 양보해주면 감사의 표시로
　　드는 건데….

나 : 정말? 진작 얘기하지!
　　난 그것도 모르구…. ￣￣;;

나한테 그 얘기를 하지 않은 이유는
상상을 초월한 엉뚱한 내 행동이
사랑스러웠기 때문이라나?!

Z는 제가 하이파이브만 해주면

너무 좋아하더라고요.

그거 있잖아요.

사랑하면 사랑하는 사람 많이 웃게 해주고 싶은 마음.

완전 제가 오해했던 거였지만 말이에요.ㅎㅎ

 댓글

⑦ 행인

너무 사랑스러웠을 거 같아요. 저도 보다가 피식 웃어버렸네요.

너무 예뻐요.

54. 골목길 가로등

데이트의 종착점은
항상 정해져 있었다.
내 집 앞 골목길 그 자리.

그는 사람들이 지나가는지를
살펴보았다.

'아… 왜 이렇게 심장이 뛰지?
Z에게 내 심장 뛰는 소리가 들리는 거 아니야?'

아… 따뜻해.

어쩌면 우리 사랑은
처음부터 정해진
운명 같은 것이 아닐까?

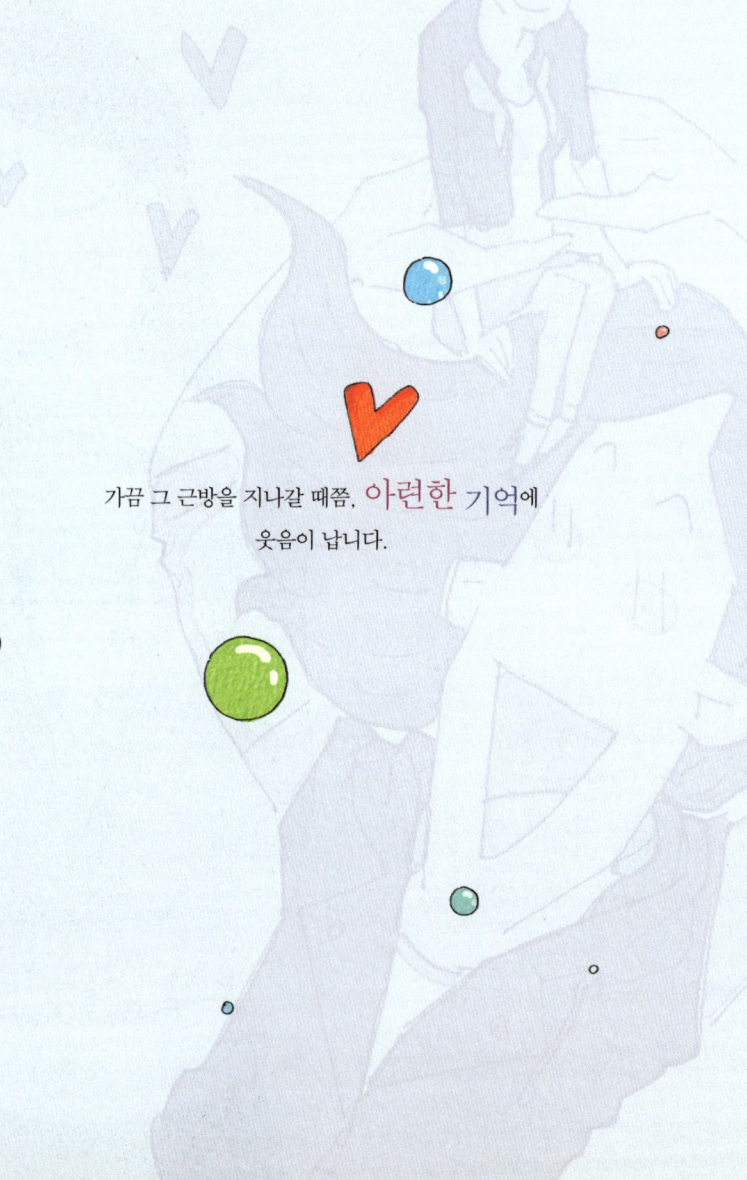

가끔 그 근방을 지나갈 때쯤, 아련한 기억에
웃음이 납니다.

사랑해

한 사람의 인생에는 하나의 우주가 존재한다고 합니다.
세상은 넓고, 크고, 바쁘게 돌아가지만 그 모든 것은 '나'로부터 시작된다는 말이죠.
'나'라는 사람이 생명을 부여받고, 세상에 눈을 뜨는 그 순간부터요.

빨리 사랑하는 사람의 마음을 알아야 하고, 빨리 내 마음을 확신하려 합니다.
빨리 자리를 잡아야 하고, 빨리 인정받아야 하고, 빨리 남들 사는 것처럼 살아야 합니다.
왜 이렇게 서두를까. 왜 이렇게 쫓기는 걸까. 쫓기면서 의문이 들었죠.

서두르며 원하지 않는 길을 가게 된다면, 그래서 후회하게 된다면
내가 선택한 인생의 후회보다 적을 수 있을지 고민하게 됐어요.
후회도 내가 선택한 몫이 되려면 결정은 자신이 할 수밖에 없는 것이지요.

세상의 시간에 맞추기보다 내가 선택한 나의 인생에 세상의 시간을 맞춰가는 것.
겹겹이 쌓인 험한 산이 우리 앞을 가로막아도 흔들림 없는 마음으로 갈 수 있는
그곳이 나로부터 시작된 우주가 있는 곳이죠.
세상의 흐름을 잊고 내 마음의 소리에 귀를 기울여
행복이 있는 그곳을 향해….

길고 긴 우주의 시간 속에서
우리 인생이란 일순간일 뿐.
그런데도 이렇게 같은 시간
같은 하늘 아래에 우리가 있다.

7장

가족이 되다

55. 인사드리러 가다

결국, 디데이는 오고야 말았다.

숨길 수 없는 게 '사랑'이었다.
Z의 어머니가 제일 먼저
우리 사이를 알게 된 것은
어쩌면 당연한 일인지도 모른다.

> 우리 집에 인사드리러 가자.

> 정말?

Z는 과감히 내 팔을 끌었다.
적들을 하나씩 섬멸해야 하는 것은 필연이었으니까….
두려웠지만 또 한편으로는 기쁘기도 했다.
그런데 왜 이렇게 떨리는 거지?
아직 발걸음도 떼지 않았는데….

'나이 많은 나를 마음에 안 들어하시면 어쩌지.
예전에 전화 끊어버린 것도 기억하고 계실지 모르는데.
휴우….'

> 큰일 났네.

꼬박 날밤으로 보낸 다음 날.
나는 간신히 Z의 팔에 이끌려
그의 집에 도착하고 말았다.

그러나 예상과는 달리 나를
반갑게 맞아주시는 그의 어머니.

알겠지?

이미 어머니는 알고 있었다.
6살이나 많은 내 나이를….
그러나 '두 살' 위라고만 하자고 우기(?)셨다.
너와 나의 약속이라고 살짝 윙크로 내 마음을 달랬다.

이로써 Z와
Z의 어머니, 나,
우리 셋만의
비밀이 생겼다.

살았다 싶었어요.
그의 어머니가 저의 응원군이 되어주신다는 것.
전혀 예상하지 못했어요.

가장 큰 고비인 부모님의 반대가 남아 있겠구나 많이 걱정했는데
이런 역전의 행운이 있으려고
그동안 많은 고비가 있었나 싶더라고요.

방패막이가 되어주시는 어머니의 지혜 덕분에
전 가족들의 환영을 받을 수 있었어요.

댓글

 미니뚱

멋진 시어머님이시네요. 전 아직도 남자친구 어머님께서 강력하게 반대를
하고 계시는데... 저렇게 흔쾌히 받아주신다면 얼마나 좋을까요? 부러워요.

56. 프러포즈

가을이 짙어가는 오후다.
평소와 다른 눈빛의 Z가
오늘따라 긴장을 많이 한 듯 보인다.
'무슨 일일까?'

"누나!
내가 평생 독신으로 산다면
그건 누나랑 결혼하지 못했기 때문일 거야.
그리고 내가 누군가와 결혼을 하게 된다면
그 사람이 누나이기 때문일 거야."

갑작스러운 그의 프러포즈.
내 머릿속이 하얘지면서 가슴은 두근두근 뛰고 있었다.

길고 긴 우주의 시간 속에서
우리 인생이란 건
정말 일순간에 지나지 않는다.

그런데도 이렇게 같은 시간
같은 하늘 아래
당신이 있어서 내가 있다.
내가 있어서 당신이 있다.

이 세상에 그보다 더한
행복은 없다.

233

이런 나라도 괜찮다면….

허락해 주세요.

57. 막내 처남보다 어려요

Z가 우리 부모님께 인사를 드리러 왔다.

그동안 우리 집에 자주 놀러 왔던 Z.
친한 회사 동생인 줄로만 알았던 그와
결혼하겠다는 나의 얘기에 부모님은 적잖이 놀라셨다.

하지만 오랜 시간 내 병간호를 정성껏 해준 Z를 지켜보셨기에
이미 예상하셨던 듯 흔쾌히 승낙해주셨다.

그렇지만 막내 처남보다 나이가 어린 Z.

둘 사이는 내가 함께 있을 땐
화기애애했지만,

내가 잠시 자리를 비우면
썰렁한 어색함이~.

막내 동생으로선 자신보다 나이 어린 매형이 생겨
억울한 기분이 들지 않았을까?
'앞으로 잘 적응해주길 바라~.'

동생에게까지 미리 얘기를 안 한 것은
미안한 일이지만 어쩌겠어요?
누나가 좋다고 하는데 어쩔 수 없죠.
마음 여리고 착한 막내, 자기보다 나이가 적은 Z씨를
이젠 더 잘 챙겨주며 정답게 지내는 사이가 되었답니다.

 댓글 ....

여유기

저도 매형 되는 사람이 저보다 어려요. 둘이 있으면 벙어리가 된답니다. ㅋㅋ

58. 엄마의 마음

나이 찬 딸의 결혼 문제.
말씀은 안 하셔도 많이 걱정되셨을 것이다.

주위의 눈총, 무슨 문제라도 된 양
그 자체가 내게 부담이 됐다.

그렇지만 인생의 중대사를 쉽게
결정할 수는 없는 일.

엄만
친한 회사
후배려니 했잖아.

그동안 엄마가
결혼 얘기를 하실 때면
독신으로 산다고 우겨왔던 나이기에
엄마는 내가 진짜 독신으로
살 줄 아셨다고 했다.

누나!

이 사람과 결혼하겠다는 내 얘길 듣고
엄마가 가만 생각해보니
내게 무슨 안 좋은 일이라도 생기면
바로 달려와 도와주던 Z의 정성이
제일 먼저 생각나셨다고 한다.

오랜 시간 늘 함께했던 우리 두 사람.
나이 차이에 상관없이 아주 잘 어울리는 한 쌍이라
기뻐해주셨다.

든든해.

엄마, 아빠!
고마워요.
그리고 진심으로
사랑해요.

진심은 오랜 시간이 걸린다 하더라도
포기하지 않으면
반드시 전달되나 보다.

부모님들.

당신 자식이 나이가 차도록 결혼을 안 하고 있으면

걱정을 많이 하시잖아요.

무슨 문제가 있는 것은 아닌가 주위에서 말들도 많고,

나이가 많아 초혼을 하긴 힘들지 않느냐는 말까지 들었으니….

그러나 결혼은 일생의 중대사이기 때문에

나이에 밀려 결혼하고 싶지 않았어요.

남들 다 간다고 급하게 가면 더 후회할 것 같았거든요.

 댓글

♥ 이윤주

눈물 나요. 저도 신랑을 집에 소개하기 전에 엄마가 먼발치에서 몰래 보고는
3일을 앓아 누우셨다는 이야기를 나중에 들었어요. 혼자 고민을 하시며
내색 한번 안 하시고, 집에 데리고 갔을 때는 얼마나 반갑게 맞이해주시던지...

59. 친구를 소개받다

양가 부모님들께 허락을 받았고
결혼 날짜까지 일사천리로
결정했다.

이제 우리에게 장애물은 없었다.
마음도 몸도 모두 홀가분했다.

Z의 친구를 만나는 것도
두려울 게 하나도 없었다.
하루아침에 자신감이 넘쳤다.

굳이 내 나이를 밝힐 필요는 없었지만
이제 어떤 거리낌이 더 남아 있을까.
웃으면서 당당히 밝혔다.

친구는 처음에는
의외라는 표정이었지만 이내
"나이 차이가 뭘…" 하면서
얼버무렸다.

그렇지만 그 친구,
얘기 중에 자신이 어떤 타입의 여성을
좋아하는지 말할 땐
아까 한 말과 전혀 다른 이야기를
하는 것이다.

'오 마 갓!' +_+

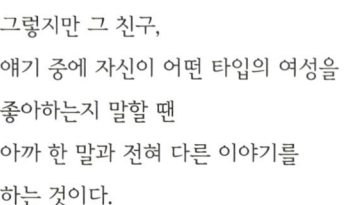

넌 어떤
타입인데?

난 나이 많은
여자는 징그럽던데.

제 뜻은…
그게 아니라…
저기….

그 친구,
자신의 말실수를 만회하고자
어찌할 줄을 몰랐다.

그럴 수도 있죠.
신경 쓰지 마세요.

내가 확! 늙어버린…
징그러운 나이 많은
연상녀가 된 느낌이었지만
자리가 자리인지라 애써 마음을 달랬다.

'그래~ 그 친구의 말실수겠지.
아무리 그래도 그렇지!
무심결에 본심 나온다고!
징그러운 게 뭐니?
너무한 거 아니야?
참 나~.'

그리고 그 말은 오랫동안 내 머릿속에서
떠나지 않았다. -_-;;;;;

누나
너무 신경
쓰지 마~.

징그러워

징그러워

징그러워

243

그 친구,

그렇게 말실수한 것이 계속 맘에 걸렸던지

저희 집에 무슨 일이 있으면 항상 제일 먼저 와서 도와줬어요.

나중에는 너무 잘해줘서 미안하고 고마울 만큼요.

호주 사회 속 연상연하

전 여기 호주 멜버른에 살고 있고, 남편은 호주 사람이고,

저보다 아홉 살 연하인 데다,

전 또 중1인 딸까지 있는 이혼녀였습니다만

결혼해서 잘 살고 있어요.

저희 남편이나 시댁에 한국은 어린 여자를 주로 만난다고 하니

다들 왜?라고 말하며 눈이 똥그래지더군요.

이해가 안 간다면서 40인데 30으로 보이는 사람

20인데 30으로 보이는 사람 등

너무 다양한데 나이를 어떻게 맞추지? 라면서

나이보다 중요한 게 얼마나 많은데 나이 따지다가

정작 중요한 걸 놓칠 거야라며 안타까워했어요.

그러면서 저더러 한국에 안 살아서 참 다행이지? 하더군요.

물론 나라마다 정서가 너무나 다르니 어쩔 수 없지만

한국 남자 분들 생각을 조금만 바꾸시면 더 넓은 세상이 있답니다.

서로 살펴볼 것도 많은데 딱 먼저 나이부터 챙기는 걸 보면

사소한 것에(?) 목숨 거는 것처럼 보여요.

2세가 걱정돼서라는 분도 많은데

의학이 발달돼서 60에도 애 낳는 요즘 같은 세상에

그게 핑계냐고 저희 남편이 하는 말,

애 낳으려고 결혼하나, 한국 사람들은? 참 생각이 다르네? 하더군요.

당사자들의 사랑이 첫째란 말씀.

남편 누나는 스물세 살에 자궁암 수술로 자궁을 들어내서
아일 못 낳는데 결혼해서 잘 살거든요?
한국이라면 자궁 없어 애 못 낳는다고 시댁에서 반대하고 난리도 아니었겠죠?
문화라는 것이 하루아침에 바뀌겠습니까만 조금 바뀌었음 하고 바라봐요.

한국은 너무 틀에 맞춰 사느라 피곤한 거 같아요.
예를 들면 35세쯤 된 여자가 결혼 안 하고 있음 난리 나잖아요.
눈이 높다는 둥 평생 시집 못 간다는 둥.
독신으로 살 수도 있는 거죠.

자신의 선택 아닌가요?

주위에서 못 살게 구는 거 보면 불쌍해요.

60. 누나에서 자기로

누나
저 TV
어때?

혼수를 보러 다닐 때였다.

'곧 결혼인데 아직도 누나라니-_-;;
설마~ 누나란 말을 결혼해서도 하는 건 아니겠지?'

그 생각이 들자
괜한 걱정인 듯 싶었지만
Z의 무신경에
대뜸 화가 났다.

"자기가 누나라고 부르니까
사람들이 자꾸 우릴 연인으로 안 보고
남매인 줄로만 알잖아!"

너무한 거
아냐?

작은 일에 화를 내다니
나답지 않았지만
결혼을 코앞에 두니
소심해져버린 나.

그는 습관이 돼버렸는지
자기도 모르게
'누나' 소리가 먼저 나온다면서
내게 무척 미안해했다.

누나
미안.

그러더니 금세 행복한 얼굴로 '자기'라고 부른다.

자기는
화내는 모습도
사랑스러워~.

자기야~

이젠 **자기**에서 **여보**로….

61. 도장을 찍다

혼인 신고를 하기 위해
우린 구청을 찾았다.

공공 기관에 가면 왜 머리가 아플까?

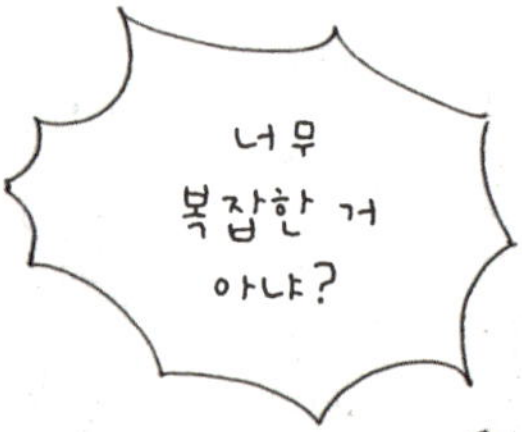

너무
복잡한 거
아냐?

그러게.

뭐가 그리
복잡하고 까다로운지….
도무지 적응이 안 된다. ‐_‐;;

한참 이리저리 헤매다
결국 안내원의 도움을 받고서야

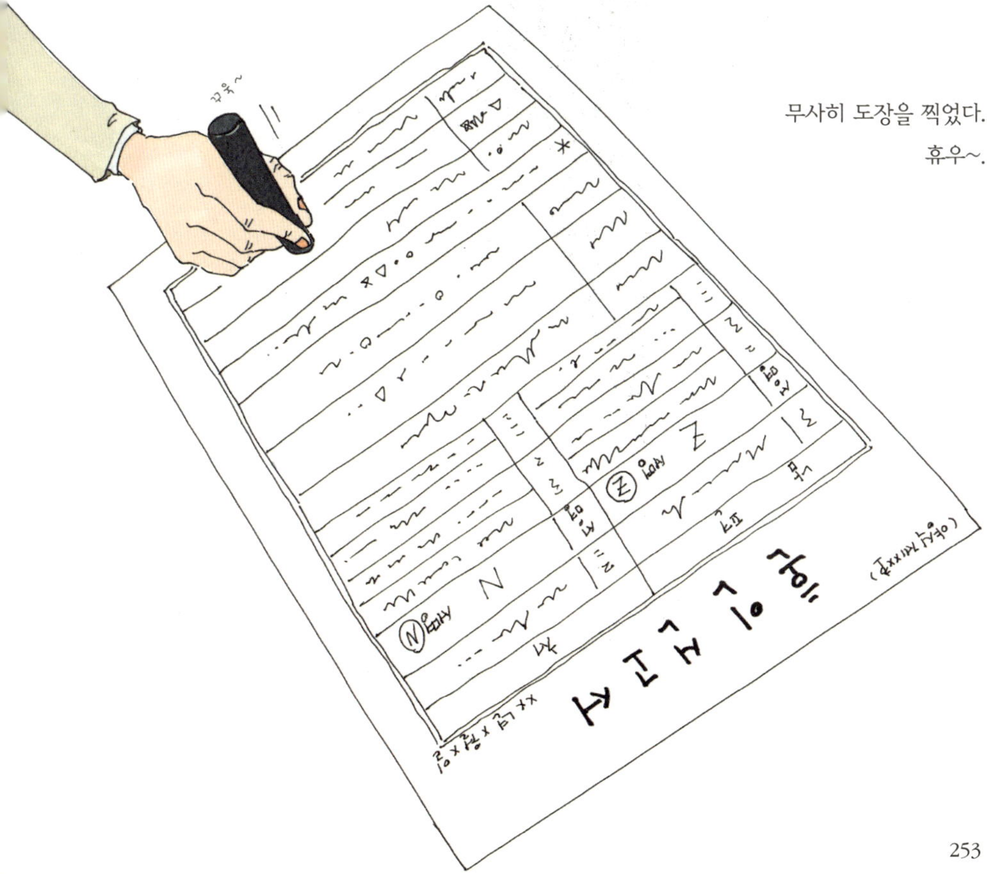

무사히 도장을 찍었다.
휴우~.

저희 **결혼**합니다!

결혼은 인생의 또 다른 시작이라고 합니다.
결혼 생활은 또 어떨지….

맺음말

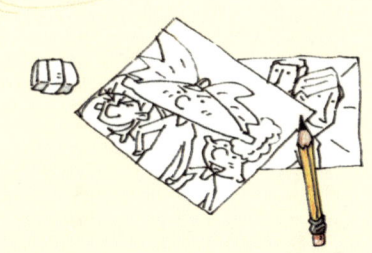

처음 《누나야, 여보할래?》를 연재하기 시작했을 때의 연애 이야기는 2, 30화 분량이었고, 바로 결혼 이야기로 이어가려 했습니다. 하지만 한 회 한 회 그리다 보니 연상연하 커플의 고충이나 사내 커플로 지내오면서의 애로 사항, 고민 등의 이야기가 꼬리에 꼬리를 물어 60화를 훌쩍 넘게 되었습니다.

하루 조회 수가 10만 회가 넘어가는 것을 보며 실감이 안 나기도 했습니다.
《누나야, 여보할래?》를 그려가는 동안 유난히 심했던 마음고생, 고민, 포기하고도 싶은 마음을 단번에 그려나갈 수 있는 용기와 인내로 바꿔주신 애독자님들의 감사한 마음 잊지 않을 것입니다. 행복한 시간이었어요.

무엇보다 사랑으로 고민하시는 분들께 진심으로 좋은 말씀 전해주시던 값진 댓글들이 함께 위로받고 용기 낼 수 있는 마음으로 전해졌다고 생각됩니다.
가끔 "앗! 내 맘이야!" 하는 댓글에 놀라기도 했어요.
가까운 사람에게조차 꺼내지 못했던 사연을 저에게 알려 주셔서, 그 얘기 속에서 저 역시 많은 격려를 받았습니다.
한 사연 한 사연 적어주신 고마운 마음, 소중히 간직하겠습니다.
이 책을 읽으시는 분들께서 행복한 사랑을 하시는 데 작은 도움이 될 수 있기를 바랍니다.
사실 결혼 생활부터 진짜 에피소드가 더 많지요. 2부 결혼 이야기를 향해 힘차게 달려가겠습니다!

작가 김효니 K. Hyoni